香木图鉴

香材与香道文化图解

（日）山田英夫 著

王梦蕾 译

吴清 审校

全国百佳图书出版单位

化学工业出版社

本书中文简体字版由SEKAIBUNKA HOLDINGS授权化学工业出版社独家出版发行。
本书仅限在中国内地(大陆)销售，不得销往中国香港、澳门和台湾地区。未经许可，
不得以任何方式复制或抄袭本书的任何部分，违者必究。

北京市版权局著作权合同登记号：01-2021-7227

图书在版编目（CIP）数据

香木图鉴：香材与香道文化图解／（日）山田英夫
著；王梦蕾译．—北京：化学工业出版社，2022.3（2025.2重印）
ISBN 978-7-122-40557-9

Ⅰ.①香… Ⅱ.①山… ②王… Ⅲ.①香料－木材－
图集 ②香料－文化－日本－图集 Ⅳ.① TQ65-64

中国版本图书馆 CIP 数据核字（2022）第 006666 号

责任编辑：林　俐　刘晓婷　　　　　　　　　　　装帧设计：对白设计
责任校对：王鹏飞

出版发行：化学工业出版社（北京市东城区青年湖南街 13 号　邮政编码 100011）
印　　装：北京宝隆世纪印刷有限公司
787mm×1092mm　1/16　印张6½　字数200千字　2025 年 2 月北京第 1 版第 3 次印刷

购书咨询：010-64518888　　　　　　　　　　售后服务：010-64518899
网　　址：http://www.cip.com.cn
凡购买本书，如有缺损质量问题，本社销售中心负责调换。

定　　价：78.00 元　　　　　　　　　　　　　　版权所有　违者必究

前言

树中"宝石"，与您相约香木的世界

我出生在一个经营香木和药材的家庭，从小就被香木环绕。长久的熏陶使我对香木的香气产生了敬畏之心，想要对其一探究竟。

我们所说的"香木"并非是一种专门叫作"香木"的树。所谓香木，指的是某些树木具有香气的部分。广义来说，可以将所有从树木上采集到的香材称为香木。其中，伽罗❶、沉香被统称为沉水香，指的是沉香树内部有树脂堆积的纤维部分。白檀指的是白檀树内有精油堆积的部分，桂皮指的是樟科植物的树皮，乳香则是乳香树溢出的树脂在树外凝结后的产物。树中能够采集到的香料种类众多，本书主要着眼于伽罗、沉香、白檀三种香木，其他香材则纳入香原料的范畴，也会逐一进行说明。

上面提到的让我产生敬畏感的香气，是由上等的伽罗、沉香散发出来的。尤其是品质绝佳的伽罗，香气中更是蕴含着一种独特的气质。那么品质绝佳的伽罗，究竟是在何时何地，以怎样的形式孕育出独特的香气呢？伽罗的诞生需要综合若干个不同的条件。在地球上有一处地方，能够同时满足伽罗所需要的全部条件。

创造这一奇迹的地方便是越南。从越南得乐省东南部的杨辛山周边一带开始，到得乐省、林同省、庆和省三省之间的山腹森林地带，是一块半径仅几十公里的黄金圈。虽说越南境内的伽罗、沉香分布十分广泛，但品

---

❶ 伽罗在中国被称为奇楠，也叫棋楠、茄楠等，是沉香中最上品之香。它的性状特征和香气与一般沉香有很多差异，所以习惯上将它单独列为一类。

质最为上乘的伽罗只有在这个黄金圈内才能找到。这必然是结合了地形、土壤、温度、湿度、降雨量、风量以及其他因素才实现的结果。这些因素相互作用，舞动出绝美的旋律，最终在树木内部孕育出了名为伽罗的"宝石"。有趣的是，那些出产伽罗系香木的产区，也出产优质宝石。也就是说，盛产瑰丽矿物宝石的地方，同时也让树木散发芳香，孕育出了树中"宝石"。

然而遗憾的是，距离上一次在这个黄金圈中发现品质绝佳的伽罗已经过了很久。今后，我们是否还能再次获得神秘自然的馈赠？在地球环境剧烈变化的如今，也许并不乐观。

白檀是一种在世界范围内都有较高需求量的香木。加工成颗粒或粉末状的白檀是香薰中一味重要的香料。此外，白檀含油量高，蒸馏后可提取精油，还可以作为室内装饰的板材，甚至食用香料。不过白檀资源也在不断减少，野生白檀木在盛产优质白檀的印度也愈发稀少，白檀产出的重心逐渐转向人工种植。

总的来说，香木资源正在不断衰竭。如同优质的伽罗、沉香在二十世纪末消失在人们的视线内，白檀或许也会走向同样的结局。

因此，本书旨在与时间赛跑，尽早将真正的香木，以及其中的佼佼者记录下来，让它们能够被大众了解并记住。但是想要将一种香木的所有类型全面地记录下来，是一项非常艰巨的任务。香味很难用语言描述，所以本书主要介绍香木的形态以及产地。在过去的文献及书籍中，先人们曾经试着对香木的香气进行描述。本书参考了这些资料，尽可能详尽地将香木介绍给各位读者。

伽罗制琵琶形香合（底座为沉香）

本书体例简介

- 本书前半部分主要介绍代表性的香木——伽罗、沉香、白檀。

- 本书以第4页和第5页所列的标准为基础对伽罗系的各种香木进行记录和判定，每种香木标注了产地（国家或地区）、a.形态（对外观的描述）、b.黏度（树脂的软硬程度，只适用于伽罗）、c.熟结程度（也叫熟结度、香结度，指树脂密度与成熟度）、d.木所（种类、名称）。

- 本书的后半部分主要介绍发源于伽罗、沉香、白檀的香文化。同时，也对伽罗、沉香、白檀以外的香木及香原料进行介绍。

目录

第 1 章　香木的基础知识

第 2 章　香木图鉴

第 3 章　香木文化图鉴

第 1 章
香木的基础知识

代表性的香木

伽罗

伽罗与沉香取自同一种树，都属于沉水香，伽罗是品质最上乘的沉水香。判定伽罗的标准有很多，料子的柔软度（即黏度，详见第4页）是其特征之一。

越南 得乐省 东南部
Vietnam Dak Lak Southeast
a. 丝斑 / b. 绿油 / c. 密结 / d. 伽罗

伽罗、沉香

"沉水香"是指沉香树树内沉积了树脂而形成的香料。参考六国五味（详见第6页和第7页）的分类可以看出，包括伽罗在内的六种木料均为沉水香。

一般认为，沉香是在六世纪佛教传入日本的同时被引进日本。当时尚未有"伽罗"一词，在调制熏香的配方中，伽罗也被叫作"沉（沉香）"。

进入镰仓及室町时代❶后，沉香不再作为佛教的专属物，人们开始对其进行独立地赏玩。"伽罗"一词也应该是在这时诞生的，代表沉香中的佳品，并率先被纳入六国分类之中。此外，经常会有人产生这样的疑惑：既然伽罗及沉香都是由沉水香这一语源发展而来的，那么，是不是将它们放入水中就一定会沉在水底？其实，沉水香的定义是"有树脂沉积的沉香木"，它在水中是否会沉底，要看树脂沉积的密度。若是树脂沉积得十分紧密，密度很大，便会沉水；如果树脂的密度不够，就不会沉水。并且，树脂的量与其散发的香气没有相关性。如果树脂为佳

---

❶ 镰仓及室町时代为日本的两个历史时代。镰仓时代（1185—1333年），室町时代（1336—1573年）。

沉香

沉香与伽罗并称沉水香，产自热带地区的森林。沉香产地广泛，种类多样，散发的香气也各不相同。

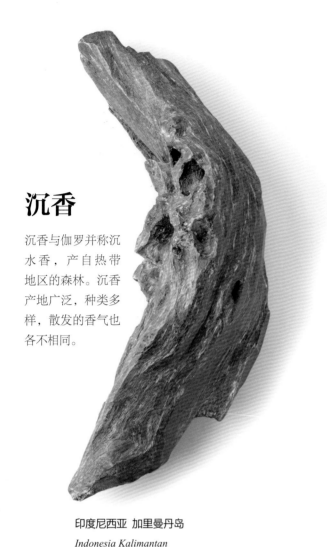

印度尼西亚 加里曼丹岛

Indonesia Kalimantan

a. 黑皮 / c. 密结 / d. 沉香

白檀

白檀是白檀树的树芯。右图是将树皮与周边组织去除之后的芯材，含有树脂。白檀除了用作熏香的原料之外，也可以提取精油和作为香水的香料。

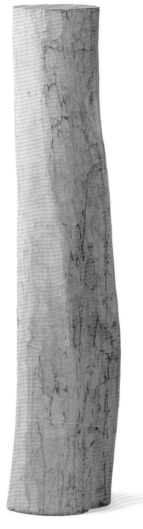

印度南部迈索尔产的老山白檀

品，即使不沉水也是好料子。鉴定香木时，沉不沉水只是众多指标之一，香味的品质要比树脂的密度更加重要。顺带一提，沉水香有三种不同的采集方式：从活树或枯树上采集（地上）、从倒下的树木上采集（地表）、从树木倒下后埋在土里的部分采集（地下）。沉水香的产地十分广泛，种类繁多，每一种都有自己独特的香气。本书对沉水香的介绍虽为概览，但也会进行一定程度的分门别类，并逐一进行讲解。

白檀 白檀传入日本的时间大致与沉香相同，是当时制作熏香等物不可或缺的香料。人们对白檀的喜爱，直至今日也未改变。白檀及从白檀中提取出的精油依旧在人们生活的诸多方面起着重要的作用。在盛产优质白檀的印度，白檀被视为一种灵木，为人们所珍视。在重要人物的火葬仪式或印度教的宗教仪式中，都需要使用白檀。

伽罗、沉香的分类

鉴定香木的六个要素

鉴定香木的方法有很多，但不论哪种方法，调动五感并灵活使用是最重要的。

首先观察木料的外观（视觉），然后用手拿起木料感知其密度及质感（触觉），接下来敲击木料，通过声音探知其内部构造（听觉），最后通过木料在常温及加热后散发出的香气（嗅觉）得出结论。如果是伽罗，就要多加一步：将木料放入口中，用舌头感受它的味道（味觉）。

下面将鉴定要素归纳整理在一起，内容包括古籍中出现过但现在已经不再使用，或仅在某些特定区域使用的表述、行业专用词汇等，旨在广泛收集与香木有关的表述及词汇，仅供参考。

1

【产地】国家、地区

· 越南	· 中国	· 澳大利亚
· 印度尼西亚	· 印度	· 南太平洋各国
· 东南亚各国	· 斯里兰卡	· 非洲各国

2

【形态】对外观的描述（颜色、基于动植物的比喻、大小等）

· 白皮	· 铁皮	· 鹧斑	· 虫穴	· 中木
· 金皮	· 缟皮	· 丝斑	· 虫漏	· 笹（竹子）
· 黄皮	· 奇皮❶	· 虎老	· 螺状	· 爪
· 茶皮	· 螺皮	· 虎黄	· 熟漏脱	· 米
· 赤皮	· 金丝	· 白虎	· 奇肉❷	· 根木
· 紫皮	· 虎斑	· 蚁穴	· 马蹄	· 元木
· 黑皮	· 豹斑	· 虫融	· 山	· 花纹

3

【黏度】树脂的软硬程度（只适用于伽罗）

· 绿油	· 青油	· 黄油	· 赤油	· 黑油
· 金油	· 饴油	· 茶油	· 紫油	· 铁油

---

❶❷ 奇皮、奇肉，这里是对香木形态外观的描述，并不是中国沉香分类中的奇皮和奇肉。

4	**【熟结度（香结度）】** 树脂密度与成熟度			
· 润结	· 聚结	· 铁结	· 老结	· 栈结
· 熟结	· 糖结	· 生结	· 全结	· 枯结
· 密结	· 坚结	· 壮结	· 黄熟结	· 偏结

5	**【木所】** 香木的种类、名称			
· 沉香	· 沉水香	· 伊利安沉	· 红土沉	· 真那贺
· 黄熟香	· 奇南	· 大年沉❶	· 黄土沉	· 寸门陀罗
· 全浅香	· 伽罗	· 马来大年	· 黑土沉	· 佐曽罗
· 密香	· 新伽罗	· 油大年	· 沉梗	· 赤梅檀
· 舶香	· 花伽罗	· 青大年	· 沉界	· 白檀
· 早香	· 伽南香	· 沉木❷	· 鸟水沉	· 老山白檀
· 哲香	· 暹罗沉❸	· 赤泥	· 罗国	· 和香木
· 沉	· 阿萨姆沉	· 山打根	· 真南蛮	· 海南沉

6	**【香味】** 香气的谱系与表现		
· 甘	· 高贵的	· 发自肺腑的、深切的	· 深邃的
· 酸	· 细腻的	· 神奇的	· 令人神往的（有趣味的）
· 辛	· 沉静的	· 完美的	· 特别的
· 咸	· 微微的	· 无法言说的	· 余熏
· 苦	· 静谧的	· 润泽的、带有水气的	· 残香
· 淡	· 令人怀念的（有魅力的）	· 古老的	· 移香
· 浓	· 柔顺的	· 艳丽的	· 人过留香
· 贵气	· 优雅的	· 清透的	

---

❶ 大年沉中的"大年"特指马来半岛上的古国北大年苏丹国。明朝张燮称之为"大泥"。此处应指出产地或出港地。

❷ 沉木，是越南古时对沉香的称呼。

❸ 有学者认为暹罗是中国对现东南亚国家泰国的古称。

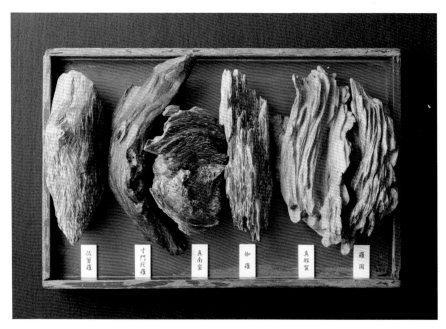

从左向右依次为佐曾罗、寸门陀罗、真南蛮、伽罗、真那贺、罗国

六国与五味

六国，指的是将香木（主要是沉水香）按照出港地进行分类的一种方法。出港地不同于产地。

伽罗——是以香木的名称命名的，并非指某一国家。

罗国——关于罗国究竟指的是哪一个国家有诸多说法，从当时的交易情况推测，应该指的是现在的泰国。泰国在当时被称为"暹罗国"。

真那贺——所指的地理区域十分明确，即马来西亚半岛西海岸的马拉卡。当地出产的沉香被称为马拉卡沉香，极负盛名。

真南蛮——关于这一类出港地的具体位置也是众说纷纭，一种说法认为有可能是印度西海岸的马拉巴尔。当时这里的人们可能将阿萨姆出产的沉香与红茶、香辛料和白檀等货物一同进行交易。

寸门陀罗——指的是印度尼西亚的苏门答腊岛。苏门答腊岛与马拉卡隔海相望，人们特地将苏门答腊岛出产的沉香与马来半岛的沉香区分开来。不过，有时也与来自马拉卡的货物一同发货。

佐曾罗——这一类出港地的位置同样尚未有定论，但是从这类香木的性质推断，应该指的是印度中南半岛的西边，也就是缅甸附近。

在六国这一概念定型之后，人们又按照香木的香味特性，将其分为五种，所谓五味，就是将香木按照香气特性分成五类的分类方法，分别是甘、苦、辛、酸、咸。香木的香气十分复杂，大多数香木的香气都掺杂着数种不同的香气，不能以其中一种类别进行概括。此外，若将香木加热，最初发甘，随后则会发酸，像这样随着时间的推移，香木的五味也会不断变化。

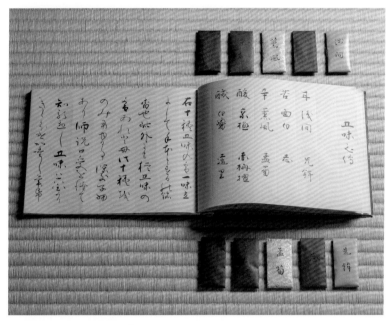

五味

五味样本各 2 种及其香铭 ❶（出自江户时代的《六国五味之传》）

 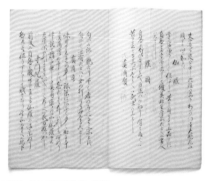 

古籍中记载的香木产地与香气标准（出自江户时代的《六国五味传书》）

　　想要用文字解释六国和五味是十分困难的。例如，古人用"如宫人 ❷ 一般"形容六国中的伽罗，用"如武士一般"形容罗国；将五味中的甘解释为"蜜的香味"，苦则是"黄柏 ❸ 的苦味"等，十分抽象。并且，六国出港的香木各有不同的香气，分别由不同的五味构成。比如，伽罗的酸与真南蛮的酸有着很大的区别。

　　上图所示为六国出港的香木实例以及五味样本。虽然这些实例是鉴定香木的标准，但却也没有任何一个单一的标准能够起决定性的作用。这既是香木鉴定时的难点，也是其美妙之处。

---

❶ 香铭，指的是将香木散发出的香气逐一进行区分，并加以命名。

❷ 古代日语中的"宫人"有两种解释，一为"在宫中侍奉的人"；一为"神官，侍奉神明的人"。

❸ 黄柏，又称黄檗，味苦，性寒。

珍稀香木世界巡游记

沉香的主要出产国及现状

虽然沉香在圣经中也有记载，但在欧洲各国、美国、非洲等地并没有普遍流行沉香文化。沉香文化主要流行于东亚、东南亚、印度周边及中东、近东各国。若从沉香与宗教的联系来看，佛教国家及伊斯兰教国家的人们对沉香比较关注，基督教国家则相对不怎么关心。

香木的需求虽然在地域及需求量上几经起伏，但总体来说直到第二次世界大战为止都是比较平稳的。战后，全球经济进入复兴期，尤其是日本，实现了经济的高速增长，对香木的需求也随之增加。此外，中东国家也借着石油收入带动了沉香需求。然而，随着世界经济的增长，自然环境却逐渐恶化，加之越南战争造成的沉香产地的破坏，以及农药的大规模喷洒等，越南的香木资源开始衰竭。笔者在1974年11月来到正处于战争的越南，跟随四名军人进入沉香产地，却看到一片片枯萎的森林。此后，越南的香木市场进入了暂时封锁的状态，香木供给的主要源头转向印度尼西亚的加里曼丹。这样的变化带来的结果是过度采伐以及随之而来的山火，使加里曼丹周边地区的香木资源骤减，供给也随之减少。1995年阪神大地震发生的那一年前后，品质好的伽罗、沉香料子已经几乎没有了，直到今天情况也未好转。白檀迟早也会踏上同样的不归路。

香木的流通状况如何？如果只说伽罗，那么日本的伽罗持有量是最高的。到20世纪90年代，日本和阿拉伯各国成为伽罗、沉香的两大消费地。但由于对香的喜好不同，越南的沉香大多流入日本，印度尼西亚的沉香则流向阿拉伯各国。越南战争结束之后，越南的很多资产阶级都失去了固定财产，他们带着相当于第二金融资产的伽罗移居海外。这些伽罗也有很多流入日本，使日本的伽罗持有量进一步增长。到了2010年左右，随着中国购买力的增强，给香木市场带来了很大变化，大量香木从日本流向中国。不过这一热潮在最近几年有所冷却。

自从上等的料子断货之后，已经无法从产地获得新的供给。那么，就只能靠国内既有的香木进行再供给。不过，以前从越南带着伽罗移居海外的人们手里也许还有剩余，所以从巴黎或者纽约找到货源的可能性也并非为零。

总的来说，香木的总量在不断减少，是必须谨慎对待的珍贵资源，哪怕只是一点点料子也不能浪费。

第 2 章

香木图鉴

伽罗、沉香、白檀及其他

伽

绿系　　　　　金系　　　　　虎斑系

伽罗与沉香同属于沉水香，并且沉香与伽罗之间没有明确的界定。在还没有"伽罗"一词时，人们使用"沉香（沉水香）"统称伽罗与沉香。

中世[1]以后，伽罗成为形容香木性质的概念，成为六国分类中的一类。

鉴定伽罗的首要标准是香味，其次是树脂黏度。树脂黏度与糖度成正比。黑油、铁油伽罗较硬，但仍属于伽罗的硬度范畴，比起沉香的硬度要小一些。糖度一般是通过木料散发出的萦绕于喉间的甘苦味来判断，这并不是一条有着明确标准的指标，一般只能是靠经验进行鉴定。

---

[1] 中世，日本历史时期划分，有诸多说法，比较主流的看法是从镰仓幕府成立（1192 年）至江镰幕府成立（1603 年）为止。

罗

紫系　　　　　茶系　　　　　赤系

黄系 白系 茶黄系

白黄系 黑系 铁系

绿系伽罗

绿系伽罗是原木在成长期至壮年期之间积蓄树脂，并在这一阶段就进行采集。特别是白皮绿油的绿系伽罗是这类伽罗中树脂黏度和糖度最高的，也是最软的一种。木头纤维极为柔软，像翅膀一样张开，所以表面看起来像覆盖了一层白皮，但树脂却是黑绿色的。

1

越南 得乐省 东南部

Vietnam Dak Lak Southeast

a. 白皮 / b. 绿油 / c. 润结 / d. 伽罗

料子的质感在伽罗中属于最软的，整体感觉盈满丰润。

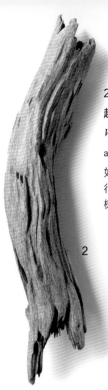

2

越南 庆和省 最西端

Vietnam Khanh Hoa Westernmost

a. 绿皮 / b. 青绿油 / c. 黏结 / d. 伽罗

如果让料子经过白皮阶段之后再进行采集，木头的表皮就会变为浅绿，树脂也要比白皮时稍硬一些。

3

3

越南 林同省 东北部

Vietnam Lam Dong Northeast

a. 鹧斑 / b. 绿油 / c. 密结 / d. 伽罗

由于原木树干上的树枝损伤而造成树脂堆积。一般都是绿油。

4

越南 得乐省 东南部

Vietnam Dak Lak Southeast

a. 绿皮 / b. 青绿油 / c. 坚结 / d. 伽罗

原木上出现裂纹后，从外围向树芯的方向堆积树脂，从而形成伽罗。

4

5

5

越南 得乐省 东部

Vietnam Dak Lak East

a. 豹斑 / b. 绿油 / c. 聚结 / d. 伽罗

这块料子不是原木的树干，而是树枝的弯折部分，树脂不太饱满。

6

越南 得乐省 东南部

Vietnam Dak Lak Southeast

a. 虎斑 / b. 绿油 / c. 润结 / d. 伽罗

这块料子与 1 同属白皮系。切面一开始是绿黑油，但随着时间推移，纤维逐渐产生了变化，成为图中的样子。

6

6

金／黄系伽罗

随着时间推移，伽罗逐渐从白皮变为浅绿，然后变为黄皮。在这个过程中，偶尔会出现金皮的料子。金／黄系伽罗熟结度有所提高，香气中也会多出一分安定感。

7

7

越南 得乐省 东南部
Vietnam Dak Lak Southeast

a. 金丝 / b. 绿黄油 / c. 润结 / d. 伽罗

这块料子虽然也是白皮，但表面的纤维细密地聚集在一起，看起来像一缕缕金色的丝线。

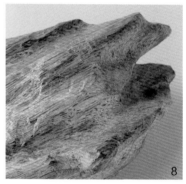

8

8

8

越南 林同省 北部
Vietnam Lam Dong North

a. 金皮 / b. 绿黄油 / c. 密结 / d. 伽罗

这块料子的树脂堆积得十分厚实，重量很重。

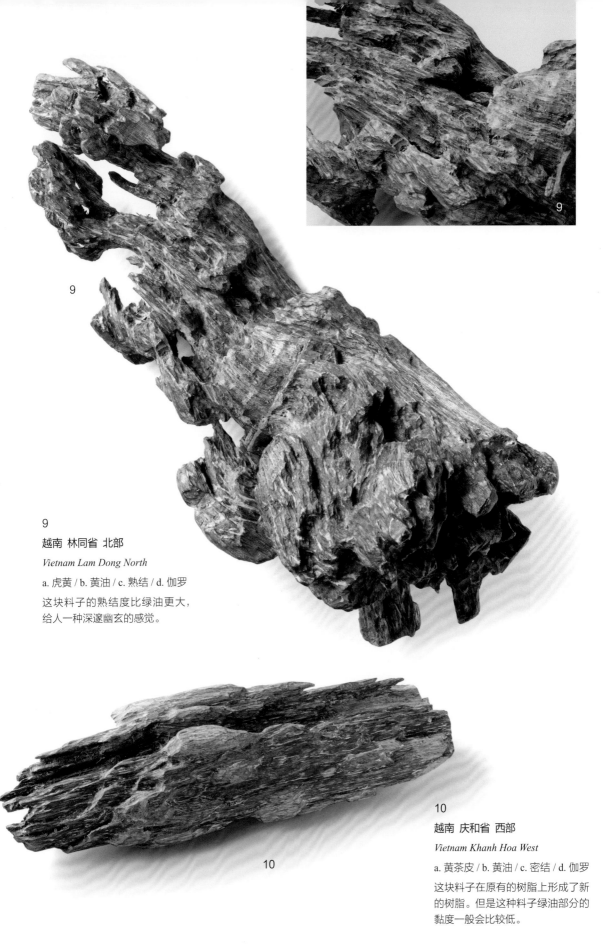

9

越南 林同省 北部

Vietnam Lam Dong North

a. 虎黄 / b. 黄油 / c. 熟结 / d. 伽罗

这块料子的熟结度比绿油更大，
给人一种深邃幽玄的感觉。

10

越南 庆和省 西部

Vietnam Khanh Hoa West

a. 黄茶皮 / b. 黄油 / c. 密结 / d. 伽罗

这块料子在原有的树脂上形成了新
的树脂。但是这种料子绿油部分的
黏度一般会比较低。

茶／赤系伽罗

当绿、黄伽罗的熟结度进一步增加，树木纤维的柔软性会逐渐降低，树脂也会稍稍变硬，就会形成茶/赤系伽罗。这时香气中的苦味增加，更具沉静之感。

11

11

越南 得乐省 东南部

Vietnam Dak Lak Southeast

a. 茶皮 / b. 茶黄油 / c. 熟结 / d. 伽罗

这块料子虽然是黄皮系，但稍稍带着一些茶色。不论是质感还是香气都很厚实，断面也不会发白。

12

越南 昆嵩省 南部

Vietnam Kon Tum South

a. 赤茶皮 / b. 茶黄油 / c. 熟结 / d. 伽罗

表皮颜色要更深一些，呈饴色（琥珀色），黏度适中。

13

越南 嘉莱省 南部

Vietnam Gialai South

a. 白皮 / b. 白黄油 / c. 密结 / d. 伽罗

这块料子的树脂很足，但断面并不是黑绿色，而是与表面一样呈黄白色。香气清醇贵气。

14

越南 得乐省 北部

Vietnam Dak Lak North

a. 赤奇皮 / b. 赤黄油 / c. 熟结 / d. 伽罗

这块料子树脂堆积的时间应该很长，表面的形态变化、散发的香气都很丰富。

15

越南 得乐省 西部

Vietnam Dak Lak West

a. 赤茶皮 / b. 赤黄油 / c. 密结 / d. 伽罗

这块料子的树脂从树枝折断的断面直接向内侧堆积而成。与树干部分的料子相比，香气更加清冷一些。

14

17

紫／黑系伽罗

当树木停止生长后，内部的树脂会渐渐硬化，颜色会逐渐加深，这时就形成了紫／黑系伽罗。香气会更加细腻、更加通透。

16

16

越南 庆和省 西部

Vietnam Khanh Hoa West

a. 鹧斑 / b. 黄紫油 / c. 熟结 / d. 伽罗

这块料子最开始是在中心部分堆积树脂，这一部分树脂已经变紫了。周边的黄绿系树脂要比中间的部分晚形成很久。不同部位有不同的香气。

16

17

越南 得乐省 南部

Vietnam Dak Lak South

a. 奇皮 / b. 紫油 / c. 熟结 / d. 伽罗

这块料子树脂堆积的过程很长，使得表面的结构变得很复杂。这样的料子偶见于生长于北向山坡的树上。

17

18

越南 林同省 北部

Vietnam Lam Dong North

a. 虎黄 / b. 黄油 / c. 熟结 / d. 伽罗

这块料子树脂聚积时分布不太均匀。由于熟结度较高，所以香味十分稳定。

18

19

19

越南 林同省 北部

Vietnam Lam Dong North

a. 鹧斑 / b. 黑油 / c. 聚结 / d. 伽罗

树脂量较少且堆积速度慢的伽罗，其顶端会形成锐角。图中这块应该是在早期就开始变黑了。

20

20

越南 庆和省 西部

Vietnam Khanh Hoa West

a. 茶皮 / b. 黑油 / c. 密结 / d. 伽罗

这块料子属于从茶色向黑色过渡的阶段，树脂堆积得十分结实，很有重量感。

21

越南 得乐省 西部

Vietnam Dak Lak west

a. 老虎 / b. 铁油 / c. 熟结 / d. 伽罗

这是一块极具代表性的铁油料，图中是进一步硬化后的状态。香气厚重。

21

其他伽罗

伽罗并没有一个明确的定义，有很多不同的种类。下面将介绍一些广义上被视为伽罗的料子。

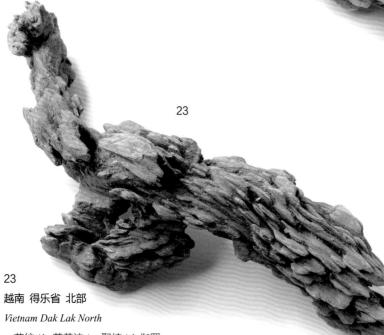

22

22

越南 得乐省 东部

Vietnam Dak Lak east

a. 花纹 / b. 黄油 / c. 聚结 / d. 伽罗

这类料子外观如鲜花的花瓣一般层层叠叠，因此被称为花伽罗。通过图中可以观察到的一部分树皮，可以推测一整块树枝全部都有树脂聚积。树干、树枝等不同部位形成的伽罗，内部形态是不同的。

23

越南 得乐省 北部

Vietnam Dak Lak North

a. 花纹 / b. 茶黄油 / c. 聚结 / d. 伽罗

与 22 一样，这也是一块花伽罗。黏度不算很高，香气偏轻快一些。这块料子应该是经过了很长时间的积淀，连最前端也积累了树脂，相应的，整体硬度较高。

24

缅甸 东部

Myanmar East

a. 茶皮 / b. 黑油 / c. 聚结 / d. 伽罗

这块料子来自泰国的邻国——缅甸。虽然它在当地被称为伽罗，但并未达到日本对伽罗的要求。

24

25

25

越南 林同省 东北部

Vietnam Lam Dong Northeast

a. 奇肉 / b. 茶油 / c. 偏结 / d. 伽罗

这块料子的下半部分先开始沉积树脂，经过很长时间上半部分才开始堆积。因此下方是损伤部分，上方则为病变部分，两部分的香气自然也不相同。

26

越南 承天顺化省 南部

Vietnam Hue South

a. 茶皮 / b. 茶油 / c. 枯结 / d. 伽罗

若说这块料子是伽罗，其黏度未免有些偏低。实际应更接近沉香。香气发咸，比较单调。

26

27

老挝 东部

Laos East

a. 茶皮 / b. 黄油 / c. 偏结 / d. 伽罗

这块料子产自安南山脉，位于老挝和越南之间。这也是一块在当地被称为伽罗的料子，但实际品相并不满足条件，树脂也很薄。

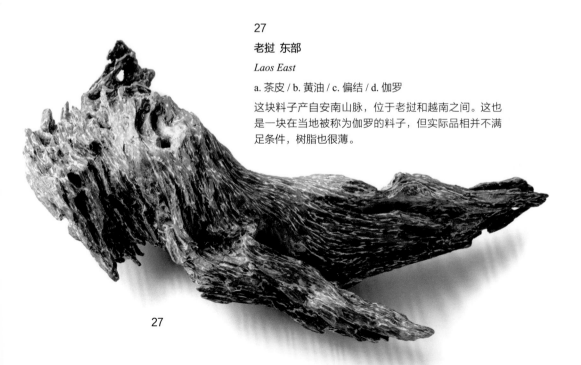

27

28

越南 广南省 西部

Vietnam Quang Nam West

a. 马蹄 / b. 黄油 / c. 密结 / d. 伽罗

马蹄形的料子与外界空气接触的面积较大，一般来说很难达到伽罗品级的高糖度树脂沉积。像图中这样的料子，极为少见。

28

29

越南 林同省 西部

Vietnam Lam Dong West

a. 螺状 / b. 黑油 / c. 熟结 / d. 伽罗

这块料子是树根部位沉积树脂后形成的。可以推测是在躲避某种东西的过程中不断受损、伸展，最终形成了一个完美的螺旋形。

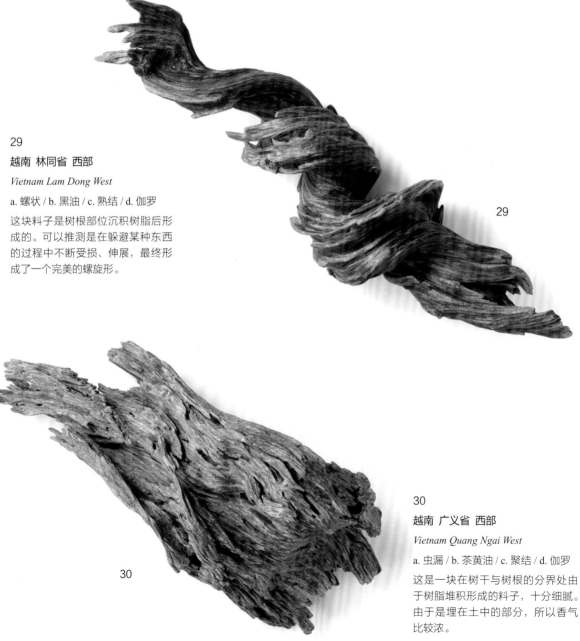

29

30

30

越南 广义省 西部

Vietnam Quang Ngai West

a. 虫漏 / b. 茶黄油 / c. 聚结 / d. 伽罗

这是一块在树干与树根的分界处由于树脂堆积形成的料子，十分细腻。由于是埋在土中的部分，所以香气比较浓。

日本人给香木命名的历史大约始于中世时期。据说镰仓末期❶，世称婆娑罗大名的佐佐木道誉在大原野❷的宴会上燃了一斤名香。佐佐木道誉给自己的香木都取了名字，随后这些香木到了足利氏手中，最终带动了香道在足利义政❸掌权时代的创建及发展。此后，每一代掌权者都会为大量的香木命名。现在主要由香道世家按照一定的标准为香木命名。

"松之千岁"，木所为伽罗，味苦、酸、咸

"篱之菊"，味酸、苦、辣

---

❶ 镰仓末期，大约为 13 世纪后半叶至 14 世纪前半叶。

❷ 大原野，今日本京都府京都市西京区。

❸ 足利义政掌权时间为 1449 年至 1473 年。

23

沉

一般来说，沉香树指的是*Aquilaria agallocha*（暂无中文名）、*A.malaccensis*（奇楠沉香）、*A.crassna*（暂无中文名）、*A.sinensis*（土沉香）等数十种沉香属植物，以及数种续断香属植物，但并无详细的资料记载。并且上述植物学上的分类，与根据香木的香味进行的实际分类并没有太大的关联。

右上图所示为沉香树的种子以及砍伐下来的树干标本。在形如铃铛的种荚中一般有1～3粒种子。沉香树的生长速度很快，只需数年就可以结果。沉香树木质较软，容易受损，如果有大象从旁经过，树枝很容易折断。在越南也被称为"风之木"。

右下图是古籍中的沉香树画作，并不确定这些图是从中国传入日本的，还是日本人创作的想象图，但对沉香树的描绘已经十分准确了。沉香树的某个部分若是受损，或是发生病变，树脂就会从树内渗出。经过长时间的堆积树脂后，或是通过人为采伐，或是树体枯萎后自然脱落，获取树脂部分，进一步去掉没有树脂的部分，得到的就是被称为沉香的香木了。沉香的特征是树脂在树内长时间堆积，树脂与木材纤维一同经过长时间的熟结，具有浓郁的香气。

沉香树主要以东南亚为中心分布。笔者曾经在与东南亚气候相近的南美洲及非洲进行过长时间的调查，但并没有发现沉香树。即便是将沉香树移栽到这些地区，就算能够成活，恐怕也无法结香。

在下文中，本书将介绍各产地比较有代表性的沉香。但示例只是在当地获取的一个样本，每个地区的沉香种类并不唯一。

香

沉香树的种子

沉香树干的标本

古籍中描绘的沉香树

沉香产地基本上集中在赤道周围高温多湿的地带，几乎覆盖了东南亚各国全境以及菲律宾的一部分地区。西至印度阿萨姆地区，东达新几内亚，范围十分广。但是，沉香的原木，即沉香树的生长范围要更加广阔。也就是说，沉香树未必会产生沉香，必须要在同时满足气候、风土及其他诸多条件的前提下，才会在树内结成树脂。沉香结香的条件，目前可以确定的不多，例如，需要在海拔1000米左右的高原地带，需要在清晨会结露的高湿度地区等。越南产出的沉香，品质极佳。越南境内的主要产区为中部靠南地区，包括承天顺化省、广南省、广义省、平定省、富安省、庆和省、昆嵩省、嘉莱省、得乐省、得农省等地区。随着全球变暖进程的加剧，也许今后日本冲绳附近也能够满足沉香树的生长条件，但能否达到沉香树结香的标准，就另当别论了。

越南 I

越南境内出产高质量沉香的地区主要集中在中部高原地带。

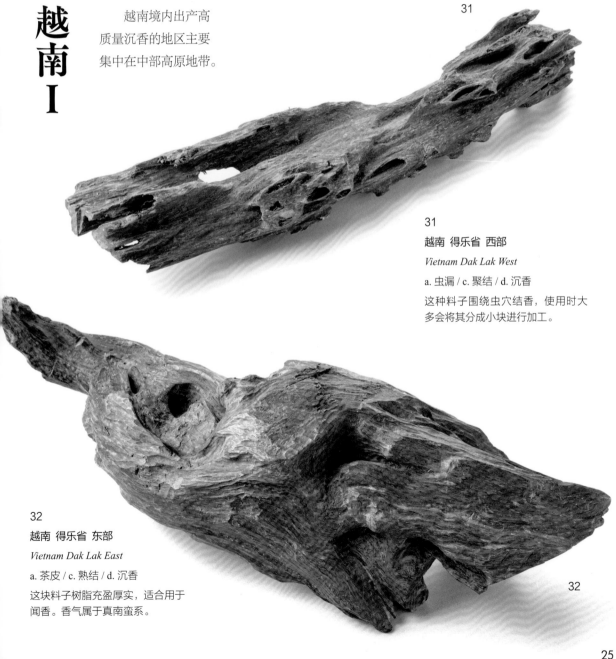

31

31

越南 得乐省 西部

Vietnam Dak Lak West

a. 虫漏 / c. 聚结 / d. 沉香

这种料子围绕虫穴结香，使用时大多会将其分成小块进行加工。

32

越南 得乐省 东部

Vietnam Dak Lak East

a. 茶皮 / c. 熟结 / d. 沉香

这块料子树脂充盈厚实，适合用于闻香。香气属于真南蛮系。

32

25

33

33

越南 得乐省 北部

Vietnam Dak Lak North

a. 黑皮 / c. 坚结 / d. 沉香

这块料子与 32 号料子相同，也适用于闻香。虽然很硬，但是香气属于真那贺系。

34

34

越南 得乐省 南部

Vietnam Dak Lak South

a. 茶皮 / c. 熟结 / d. 沉香

虽然是一块在树根附近形成的料子，但却有着清凉爽快的香气。表面为茶色，断面为黑色。

35

35

越南 得乐省 东部

Vietnam Dak Lak East

a. 豹斑 / c. 枯结 / d. 沉香

在细瘦的树枝上薄薄聚集一层树脂后形成的料子，香气清新。

36

36

越南 得乐省 中部

Vietnam Gialai Central

a. 黄皮 / c. 密结 / d. 沉香

这是一块在树枝分枝处附近堆积树脂形成的料子。由于枝节处结香后纤维掺杂较多，很难进行加工，不太适合用于闻香。

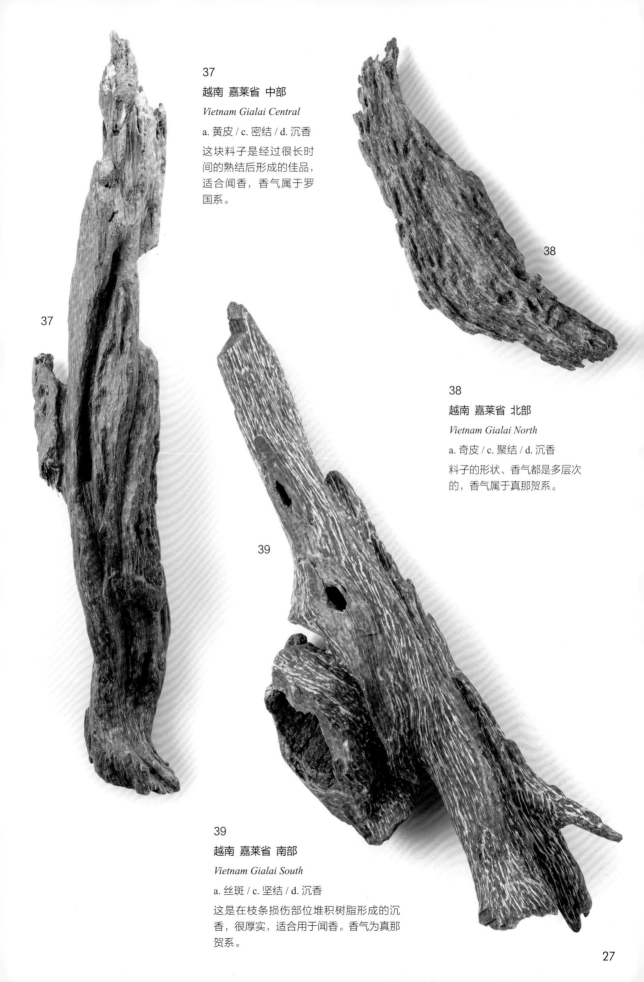

37
越南 嘉莱省 中部
Vietnam Gialai Central
a. 黄皮 / c. 密结 / d. 沉香
这块料子是经过很长时间的熟结后形成的佳品，适合闻香，香气属于罗国系。

38

37

38
越南 嘉莱省 北部
Vietnam Gialai North
a. 奇皮 / c. 聚结 / d. 沉香
料子的形状、香气都是多层次的，香气属于真那贺系。

39

39
越南 嘉莱省 南部
Vietnam Gialai South
a. 丝斑 / c. 坚结 / d. 沉香
这是在枝条损伤部位堆积树脂形成的沉香，很厚实，适合用于闻香。香气为真那贺系。

越南II

下面继续介绍产自越南中部高原地区的沉香。胡志明小道就位于这个区域，因此在越南战争期间，这个区域的沉香资源受到了极大的破坏。

40

40

越南 嘉莱省 南部

Vietnam Gialai South

a. 虫融 / c. 聚结 / d. 沉香

这是一块树脂沉积形状十分复杂的料子，图中是去除没有树脂的腐烂部分后的样子。

41

越南 昆嵩省 北部

Vietnam Kon Tum North

a. 螺皮 / c. 聚结 / d. 沉香

与40号木料一样，这也是一块结香结构十分复杂的料子。香味发酸，属于罗国系。

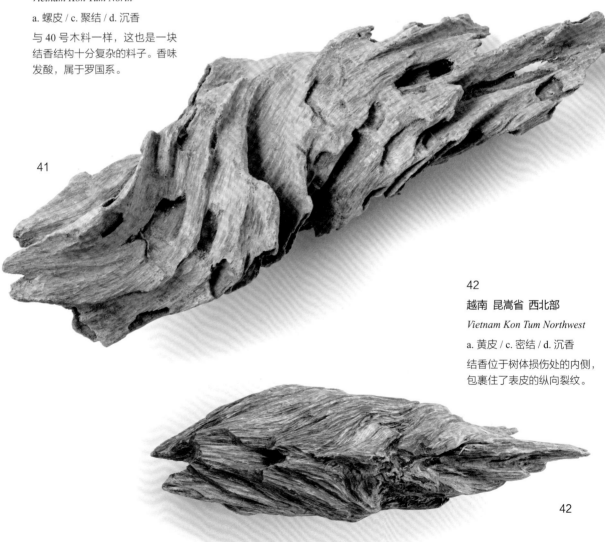

41

42

越南 昆嵩省 西北部

Vietnam Kon Tum Northwest

a. 黄皮 / c. 密结 / d. 沉香

结香位于树体损伤处的内侧，包裹住了表皮的纵向裂纹。

42

43

43

越南 昆嵩省 西部

Vietnam Kon Tum West

a. 奇肉 / c. 聚结 / d. 沉香

与 42 号一样，这也是一块在树体损伤处堆积树脂而结香的料子，损伤的深度越深，树脂就越厚。

44

44

越南 昆嵩省 西南部

Vietnam Kon Tum Southwest

a. 鹧斑 / c. 密结 / d. 沉香

这是一块纵向结香的料子，树脂堆积的时间很长。香气十分均衡。

45

45

越南 林同省 东北部

Vietnam Lam Dong Northeast

a. 虎老 / c. 熟结 / d. 沉香

像这样厚重的块状料子是在较短时间内由大量树脂堆积形成的。随后，又在树内经过长时间的熟结，因此整体的香气十分沉稳。

46

越南 林同省 西南部

Vietnam Lam Dong Southwest

a. 茶皮 / c. 聚结 / d. 沉香

这是一块损伤的树皮，整块树皮几乎都被剃下去了。伤口内部聚集了一些树脂，但量很少，因此香气比较清爽。

46

47

越南 林同省 东北部

Vietnam Lam Dong Northeast

a. 虎黄 / c. 熟结 / d. 沉香

这块料子是在树干的损伤处向树芯方向不断堆积树脂形成的。沉香树木质软，极易受损，但并不是只要受损就一定能够形成树脂堆积。

47

48

越南 林同省 西北部

Vietnam Lam Dong Southeast

a. 鹧斑 / c. 聚结 / d. 沉香

这块料子是在枝节的伤口处堆积了薄薄一层树脂，量很少，因此香味也不浓，不适合闻香。

48

49

越南 得农省 北部

Vietnam Dak Nong North

a. 黄皮 / c. 枯结 / d. 沉香

树脂覆在树枝上，树枝干枯后，在地面上或泥土中经过一定时间后形成了这块料子。

49

越南 III

下面介绍越南中部沿海地区出产的沉香。这部分地区港口众多，尤其是惠安，曾经有一片日本人聚居的区域，香木交易十分繁盛。

50

越南 广南省 中部

Vietnam Quang Nam Central

a. 马蹄 / c. 密结 / d. 沉香

这块料子属于在树的断面内部堆积树脂的类型。图中能看到的一面是断面的背面。像这样自然形成的料子质量极佳，若是人为将树枝截断，不会有这么好的品质。像这样的马蹄形沉香，有时也被称为惠安沉香。

50

51

越南 承天顺化省 南部

Vietnam Hue South

a. 虫漏 / c. 聚结 / d. 沉香

沉香树结香后枯萎，倒在地上，最终在土中经过长时间的熟结形成了这块料子。这是泥沉香的一种，香气为罗国系。

51

52

越南 广南省 西部

Vietnam Quang West

a. 奇皮 / c. 聚结 / d. 沉香

这是马蹄形沉香的一种，树脂呈针状向树的内部延伸。树脂的量很少，不适合用于闻香。

52

53

53

越南 平定省 西部

Vietnam Binh Dinh West

a. 马蹄 / c. 熟结 / d. 沉香

图中展示的是料子朝向树的内部的一面。表面之所以这么顺滑，是因为树脂堆积后在土中埋了很长时间。

54

54

越南 广义省 西部

Vietnam Quang Ngai West

a. 奇肉 / c. 聚结 / d. 沉香

若树脂堆积得较为稀疏，没有树脂的部分腐蚀后就会变成图中的形状。这块料子是从枯木上取下来的。

54

55

越南 富安省 西部

Vietnam Phu Yen West

a. 螺穴 / c. 聚结 / d. 沉香

这块料子并不是在树干，而是在分枝的伤口处结香。这样的料子香气都比较淡。

55

越南 IV

下面将介绍一些树脂结香后成为枯木或倒木，在地面上或土中经过很长时间后被找到的料子。

56

56

越南 得乐省 西北部

Vietnam Dak Lak Northwest

a. 黑皮 / c. 熟结 / d. 沉香

这种料子又被称为泥沉香或黑泥沉香。外观看上去与马来西亚的泥沉香相似，但香气却大相径庭。

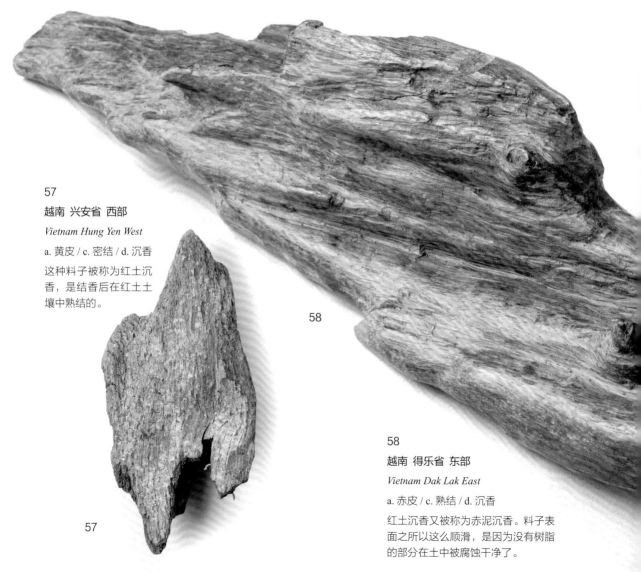

57

越南 兴安省 西部

Vietnam Hung Yen West

a. 黄皮 / c. 密结 / d. 沉香

这种料子被称为红土沉香，是结香后在红土土壤中熟结的。

58

57

58

越南 得乐省 东部

Vietnam Dak Lak East

a. 赤皮 / c. 熟结 / d. 沉香

红土沉香又被称为赤泥沉香。料子表面之所以这么顺滑，是因为没有树脂的部分在土中被腐蚀干净了。

59

越南 庆和省 西部

Vietnam Khanh Hoa West

a. 黄皮 / c. 密结 / d. 沉香

与57号料子一样，属于红土沉香。沉香树倒在红土地区，经过熟结后形成。表皮十分柔软，打磨后与60号木料相似。红土是中南半岛较为多见的湿润土壤，呈赤色，较贫瘠。

60

60

越南 庆和省 西部

Vietnam Khanh Hoa West

a. 黄皮 / c. 密结 / d. 沉香

对柔软的木料表皮进行打磨，露出较硬的树脂层。截断面呈浓茶色，香气为罗国系。

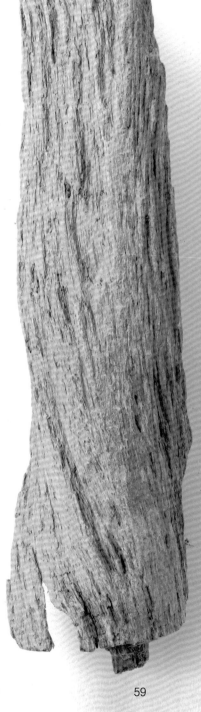

60

59

专栏 香木中的伪造品

香木交易之难

　　香木的价值很高，且很难辨别真伪，因此市面上出现了很多伪造品。香木相较普通木料的一个重要特点是密度较大，重量较重。因此制造假香木首先要增加木头的重量，最为简单的一种方法是在料子中加入金属，重量就会随之增加。使用的金属大多是铁，也有用铅、锡、水银的。过去甚至还有把越南战争时期的子弹塞进木头里的。然后进一步通过外观处理将不属于香木的木块伪装成香木，方法也很多样，例如染色、加热、拼接、注入药剂等。

　　如37页的图片所示，①是使用了与沉香相似的木材，将表面打磨成像沉香一样的质感。气味则用沉香油伪造。1980年左右出现了大量类似的伪造品，至今仍有许多在市面上流通。来找笔者进行香木鉴定的客人中，几乎有一半带来的都是这样的料子。

　　②是某种年代久远但尚未被腐蚀的硬木。虽然没有香气，但是外观与沉香风格一致。有些客人也会因此上当受骗。

　　③是将若干块碎香木黏在一起做成的一大块料子。香木越大，树脂堆积所需的时间越长，熟结程度就越高，价值也就越高。因此这样的伪造品也不在少数。图中的例子是使用了5片中等大小的碎片及21片较小的碎片拼合而成的。还有很多相似的例子，比如将两块较大的料子黏在一起，加工成摆件的形状，从而提高其售价。

　　④是简单地将一枚粗螺丝嵌入木料内部，以增加木头的重量，并在外观上进行了巧妙的伪装。

　　⑤是将某种药剂注入料子，使树脂看上去更加柔软，比如能让沉香看起来像伽罗一样。像这样往木材内部注入药剂的方法被称为注射法。

　　⑥是让药剂从表面渗入，表皮也经过了特殊的处理。这也是一种让沉香甚至是其他木材的外观变得像伽罗一样的作假方式。

　　其实只要仔细观察就不难识破伪造品，那么为什么市面上还存在大量的伪造品呢？究其原因，资源的减少造成供给方及购买方中熟知什么是好香木的人越来越少，所以才会造成这样的结果。为了不让熟悉真品的人进一步减少，也为了不让伪造品变本加厉地横行，我们需要重视学习辨别真假的能力。有许多人以为买的是高价的伽罗，结果却只是沉香，甚至干脆就是假货，损失实在惨重。请各位读者引以为戒。

①外观虽然与沉香相似，实际上是用别的木材加工而成的

②其他木材伪造的沉香树根

③用若干种不同的沉香料子拼接而成

④为了增加木头的重量而在木材的内部嵌入螺丝的伪造品

⑤为了将沉香伪造成伽罗的样子，在沉香的内部注射药剂

⑥让药剂从木材表面渗入后制成的伪造品

印度尼西亚 I

产自印度尼西亚的沉香，按产地大致可分为加里曼丹系、苏门答腊系和伊里安系三类，香气特性各不相同。

61

61
印度尼西亚 加里曼丹岛
Indonesia Kalimantan

a. 豹皮 / c. 密结 / d. 沉香

这块料子产自东加里曼丹地区的山麓地带，那里原本有极为广阔的森林，但随着近年来的开采，森林受到了破坏。

62
印度尼西亚 加里曼丹岛
Indonesia Kalimantan

a. 黄皮 / c. 聚结 / d. 沉香

产自南加里曼丹地区山麓地带，是一块从粗壮枝干的受损处堆积树脂形成的料子。

62

63
印度尼西亚 加里曼丹岛
Indonesia Kalimantan

a. 茶皮 / c. 熟结 / d. 沉香

这块料子产自加里曼丹中部地区的北部高地，树脂沉积的时间极为充足，重量很重，香气也十分厚重。

65
印度尼西亚 苏门答腊岛
Indonesia Sumatra

a. 茶皮 / c. 聚结 / d. 沉香

产自棉兰（印度尼西亚北苏门答腊省省会）附近的一块料子，树脂的分布不是很均匀。

64

64

64
印度尼西亚 苏门答腊岛
Indonesia Sumatra

a. 黄皮 / c. 熟结 / d. 沉香

这块料子产自亚齐北部的山间地带，整体十分厚实，可以猜想应该是从树体中心处堆积大量树脂形成的。

65

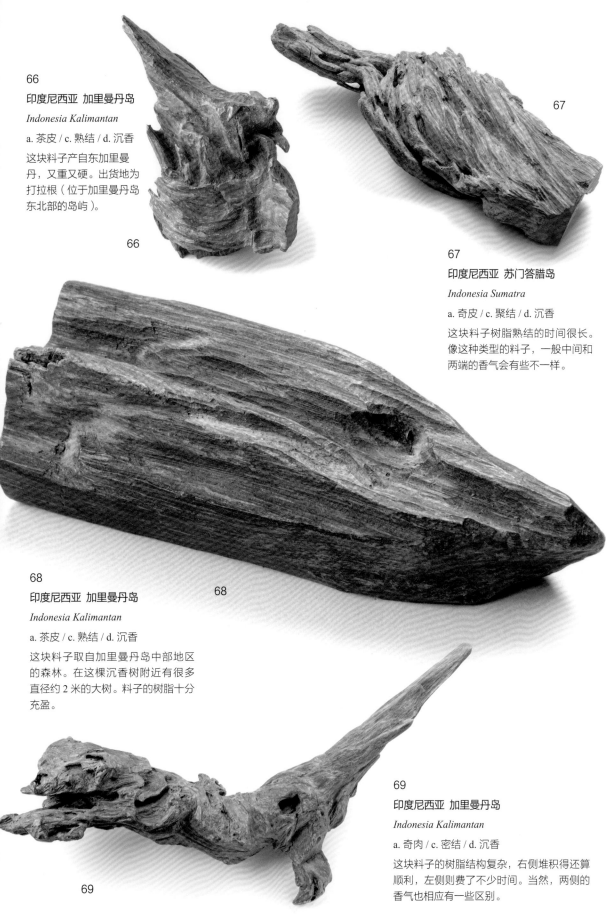

66

印度尼西亚 加里曼丹岛

Indonesia Kalimantan

a. 茶皮 / c. 熟结 / d. 沉香

这块料子产自东加里曼丹，又重又硬。出货地为打拉根（位于加里曼丹岛东北部的岛屿）。

66

67

67

印度尼西亚 苏门答腊岛

Indonesia Sumatra

a. 奇皮 / c. 聚结 / d. 沉香

这块料子树脂熟结的时间很长。像这种类型的料子，一般中间和两端的香气会有些不一样。

68

印度尼西亚 加里曼丹岛

Indonesia Kalimantan

a. 茶皮 / c. 熟结 / d. 沉香

这块料子取自加里曼丹岛中部地区的森林。在这棵沉香树附近有很多直径约2米的大树。料子的树脂十分充盈。

68

69

印度尼西亚 加里曼丹岛

Indonesia Kalimantan

a. 奇肉 / c. 密结 / d. 沉香

这块料子的树脂结构复杂，右侧堆积得还算顺利，左侧则费了不少时间。当然，两侧的香气也相应有一些区别。

69

印度尼西亚 II

下面介绍的沉香包括加里曼丹系及苏门答腊系。一般将苏拉威西岛西南部产出的沉香视为加里曼丹系，东北部产出的沉香则视为伊里安系。

70

印度尼西亚 加里曼丹岛
Indonesia Kalimantan

a. 黑皮 / c. 密结 / d. 沉香

这一类沉香又被称为山打根沉香或泥沉香。图中的料子取自加里曼丹岛东北部，马来西亚与印度尼西亚的边境附近。出货地为马来西亚的山打根。料子在结香后，依然在土中埋了很长一段时间。

71

印度尼西亚 加里曼丹岛
Indonesia Kalimantan

a. 黑皮 / c. 聚结 / d. 沉香

这也是一块山打根沉香。香气属于真那贺系。

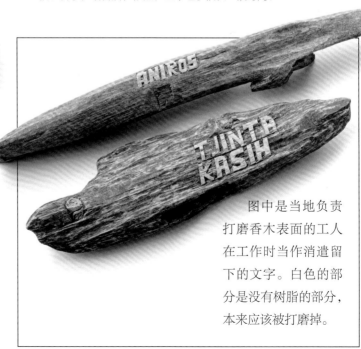

图中是当地负责打磨香木表面的工人在工作时当作消遣留下的文字。白色的部分是没有树脂的部分，本来应该被打磨掉。

72

72

印度尼西亚 苏门答腊岛

Indonesia Sumatra

a. 黄皮 / c. 密结 / d. 沉香

苏门答腊岛有许多大型的沉香树，因此采收到的沉香料子也都很大。当地的沉香树大多都是树脂分泌量大，沉积速度也快的品种。图中的料子香气略显单调。

73

73

印度尼西亚 苏门答腊岛

Indonesia Sumatra

a. 虎斑 / c. 密结 / d. 沉香

这与 72 号属于同一类料子，但其断面呈虎斑状，又被称为苏门答腊虎。

73

74

印度尼西亚 苏拉威西岛

Indonesia Sulawesi

a. 茶皮 / c. 密结 / d. 沉香

产自苏拉威西岛南部的望加锡（印度尼西亚南苏拉威西省省会）附近。苏拉威西岛的沉香很少但有品质极佳的，这块料子的品质已经接近加里曼丹岛的沉香了。

74

75

印度尼西亚 加里曼丹岛

Indonesia Kalimantan

a. 黄皮 / c. 密结 / d. 沉香

苏门答腊岛和加里曼丹岛都能找到个头很大的料子，但加里曼丹岛出产的高品质料子比较多。

75

印度尼西亚 III

伊里安系的沉香树与加里曼丹系及苏门答腊系的沉香树品种不同。伊里安系的沉香具有独特的甘甜。

76

76

印度尼西亚 伊里安岛

Indonesia Irian

a. 黄绿皮 / c. 密结 / d. 沉香

这块料子有着伊里安系沉香独有的甜味，香气柔顺，不像加里曼丹系沉香的香气那样锐利。

77

印度尼西亚 加里曼丹岛

Indonesia Kalimantan

a. 黑皮 / c. 熟结 / d. 沉香

这块料子产自查亚普拉（印度尼西亚巴布亚省省会）周边，品质极佳。料子本身又重又硬，但香气却十分柔和。

77

77

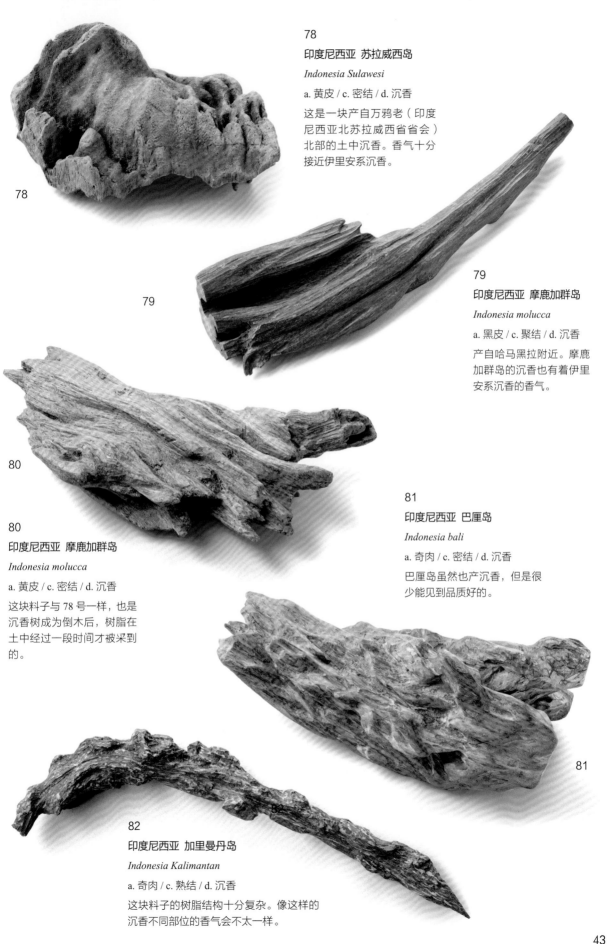

78

印度尼西亚 苏拉威西岛

Indonesia Sulawesi

a. 黄皮 / c. 密结 / d. 沉香

这是一块产自万鸦老（印度尼西亚北苏拉威西省省会）北部的土中沉香。香气十分接近伊里安系沉香。

79

印度尼西亚 摩鹿加群岛

Indonesia molucca

a. 黑皮 / c. 聚结 / d. 沉香

产自哈马黑拉附近。摩鹿加群岛的沉香也有着伊里安系沉香的香气。

80

印度尼西亚 摩鹿加群岛

Indonesia molucca

a. 黄皮 / c. 密结 / d. 沉香

这块料子与 78 号一样，也是沉香树成为倒木后，树脂在土中经过一段时间才被采到的。

81

印度尼西亚 巴厘岛

Indonesia bali

a. 奇肉 / c. 密结 / d. 沉香

巴厘岛虽然也产沉香，但是很少能见到品质好的。

82

印度尼西亚 加里曼丹岛

Indonesia Kalimantan

a. 奇肉 / c. 熟结 / d. 沉香

这块料子的树脂结构十分复杂。像这样的沉香不同部位的香气会不太一样。

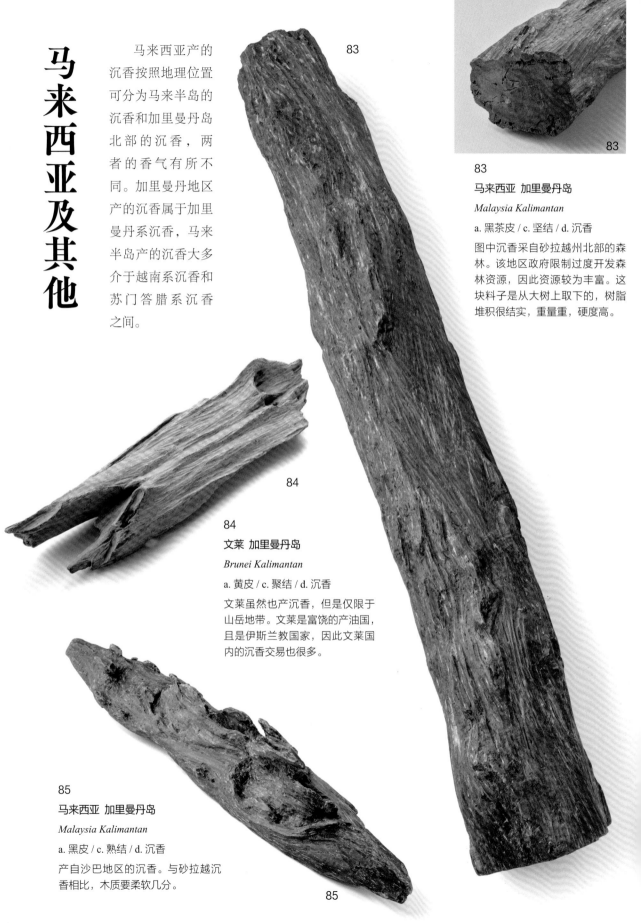

马来西亚及其他

马来西亚产的沉香按照地理位置可分为马来半岛的沉香和加里曼丹岛北部的沉香，两者的香气有所不同。加里曼丹地区产的沉香属于加里曼丹系沉香，马来半岛产的沉香大多介于越南系沉香和苏门答腊系沉香之间。

83

83

83

马来西亚 加里曼丹岛

Malaysia Kalimantan

a. 黑茶皮 / c. 坚结 / d. 沉香

图中沉香采自砂拉越州北部的森林。该地区政府限制过度开发森林资源，因此资源较为丰富。这块料子是从大树上取下的，树脂堆积很结实，重量重，硬度高。

84

84

文莱 加里曼丹岛

Brunei Kalimantan

a. 黄皮 / c. 聚结 / d. 沉香

文莱虽然也产沉香，但是仅限于山岳地带。文莱是富饶的产油国，且是伊斯兰教国家，因此文莱国内的沉香交易也很多。

85

马来西亚 加里曼丹岛

Malaysia Kalimantan

a. 黑皮 / c. 熟结 / d. 沉香

产自沙巴地区的沉香。与砂拉越沉香相比，木质要柔软几分。

85

86

马来西亚 加里曼丹岛

Malaysia Kalimantan

a. 茶皮 / c. 熟结 / d. 沉香

图中沉香也产自砂拉越州
的森林，树脂沉积量大，
香气浓郁。

87

马来西亚 马来半岛

Malaysia Malay Peninsula

a. 鹧斑 / c. 聚结 / d. 沉香

这是一块沿着树体损伤处内部，
分数个阶段，经过长时间的树
脂堆积形成的沉香。

88

泰国 马来半岛

Thailand Malay Peninsula

a. 黄皮 / c. 密结 / d. 沉香

图为马来半岛山间地区的素叻他尼
（泰国南部港口城市）附近出产的沉
香。香气介于越南系沉香和印度尼西
亚系沉香之间。

89

马来西亚 马来半岛

Malaysia Malay Peninsula

a. 茶皮 / c. 坚结 / d. 沉香

图为马六甲地区出产的沉香，
又被称为马六甲沉香或马来
沉香。

90

马来西亚 马来半岛

Malaysia Malay Peninsula

a. 鹧斑 / c. 聚结 / d. 沉香

这是在树干表皮的损伤处堆积树脂
形成的沉香。由于伤口不同部位损
伤程度不同，去除料子的表皮后其
内部结构如图所示。

45

其他地区

沉香的主产区是越南、印度尼西亚等。在这些主产区之外，周边也有一部分可以找到沉香的地区，范围不大。其中产量较多的是与越南接壤的老挝。

91
菲律宾 巴拉望岛
Philippines Palawan
a. 黄皮 / c. 聚结 / d. 沉香
菲律宾巴拉望岛距离加里曼丹岛很近，也出产沉香，但沉香的香气较淡。

92
泰国 马来半岛
Thailand Malay Peninsula
a. 黑皮 / c. 密结 / d. 沉香
泰国北部出产的沉香与南部半岛出产的沉香香气有所不同。图中沉香产自靠近马来西亚的地区。

93
老挝 东南部
Laos Southeast
a. 缟皮 / c. 聚结 / d. 沉香
树脂沉积后呈多层结构，这类料子不同部位的香气区别很大。

94
印度 阿萨姆
India Assam
a. 茶皮、鹧斑 / c. 密结 / d. 沉香
图中为两块阿萨姆沉香。与红茶及香料产自同一地区。

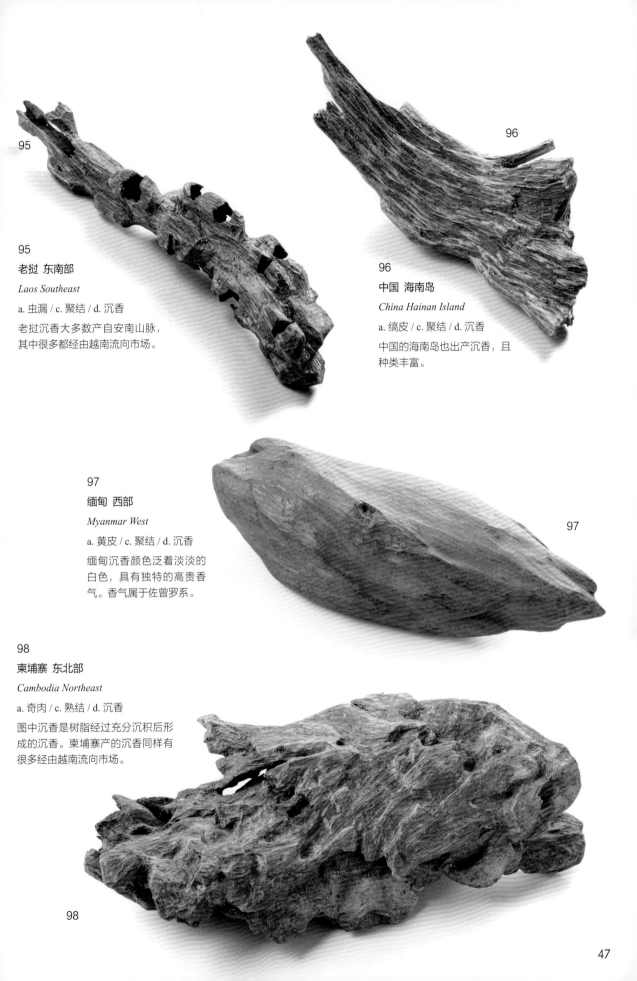

95

老挝 东南部

Laos Southeast

a. 虫漏 / c. 聚结 / d. 沉香

老挝沉香大多数产自安南山脉，其中很多都经由越南流向市场。

96

中国 海南岛

China Hainan Island

a. 缟皮 / c. 聚结 / d. 沉香

中国的海南岛也出产沉香，且种类丰富。

97

缅甸 西部

Myanmar West

a. 黄皮 / c. 聚结 / d. 沉香

缅甸沉香颜色泛着淡淡的白色，具有独特的高贵香气。香气属于佐曾罗系。

98

柬埔寨 东北部

Cambodia Northeast

a. 奇肉 / c. 熟结 / d. 沉香

图中沉香是树脂经过充分沉积后形成的沉香。柬埔寨产的沉香同样有很多经由越南流向市场。

沉水香的形成过程

伽罗及沉香究竟是如何形成的？我们将香木积蓄树脂的过程称为结香。如果沉香树的某处受到了损伤或出现了病变，该处就会开始分泌树脂，树脂在树内经过熟结，最终成为香木。不过，即便是在同样的条件下，也并非所有的沉香树都会堆积树脂，真正能产生香木的概率是极低的。具体原因尚不明确，有可能是气象原因，也可能是土质或原木自身的基因问题。不过，树脂堆积的方式是有迹可循的，大致分为几种模式。接下来将介绍几种已经明确发现其结香过程的香木。

99
内部

50页、51页的图片是自树皮的损伤处或病变处向树的内部不断堆积树脂的例子。不断向内侵入的树脂，最终会到达原木最脆弱的树芯部分。有很多沉香料都是像102号料子一样，从沉香树表面的损伤处不断向内沉积树脂，最终形成一个包裹树芯的圆筒形状。树脂沉积的方式有很多，这只是其中一种。

此外，香木的外形会随着树脂在树内堆积的位置、树脂分泌的方式、原木的生长状态等因素而变化。树脂成形后，将其从树上取下，等待最后的加工。

100
内部

最后的加工需要使用特殊的凿子，沿着堆积成形的树脂的外侧边缘，打磨表面。平时看到的沉香及伽罗表面密密麻麻的细纹，都是用凿子凿出来的痕迹。

101
内部

99

印度尼西亚 苏门答腊岛

Indonesia Sumatra

d. 沉香

若原木某处出现损伤，伤口内部就会产生树脂，以保护损伤处。图中所示的料子正处于为了保护表皮的伤口而在内部不断集聚树脂的阶段。

99
表皮

100

越南 庆和省 西部

Vietnam Khanh Hoa West

d. 伽罗

图中为伽罗料，形成过程与 99 号一样，正处于树脂开始堆积的阶段。

100
表皮

101

越南 得乐省 西部

Vietnam Dak Lak West

d. 伽罗

图中料子的树脂从表皮内部一直堆积到了树的中心部位。但仍处于堆积的过程中。

101
表皮

102

印度尼西亚 加里曼丹岛

Indonesia Kalimantan

d. 沉香

与 101 号料子一样，树脂一直堆积到了树的中心部位。

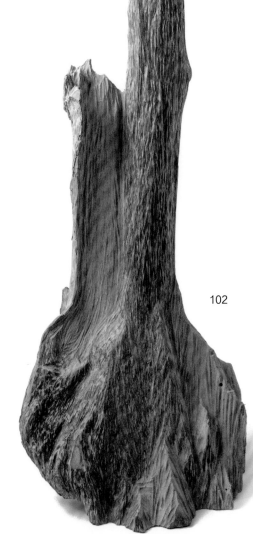

102

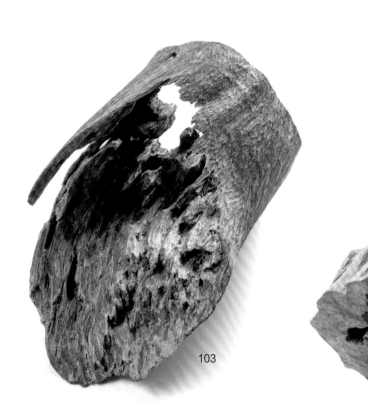

103

104

103

越南 得乐省 东部

Vietnam Dak Lak East

d. 伽罗

树脂在整个树干内部堆积后形成了筒状结构。采收后等到没有树脂的部分腐烂后，用凿子打磨加工。

104

越南 庆和省 西部

Vietnam Khanh Hoa West

d. 伽罗

伽罗的树脂一般先整体形成薄薄的一层，随后不断堆积新的树脂，增加厚度。图中黑色的部分就是较新的树脂，这块料子是由病变处发展而来的例子。

105

105

越南 林同省 北部

Vietnam Lam Dong North

d. 伽罗

通过这块料子能够看出树脂堆积的过程。与年轮无关，树脂直接向内侧不断积蓄（左图）。随着时间的累积，料子整体会变黑。

105

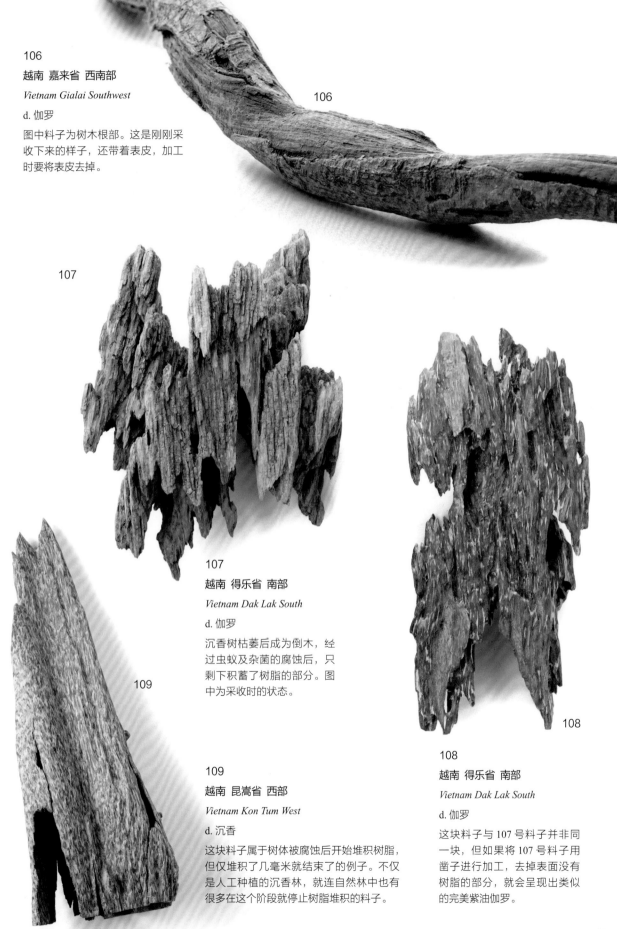

106

越南 嘉来省 西南部

Vietnam Gialai Southwest

d. 伽罗

图中料子为树木根部。这是刚刚采收下来的样子，还带着表皮，加工时要将表皮去掉。

106

107

107

越南 得乐省 南部

Vietnam Dak Lak South

d. 伽罗

沉香树枯萎后成为倒木，经过虫蚁及杂菌的腐蚀后，只剩下积蓄了树脂的部分。图中为采收时的状态。

108

108

越南 得乐省 南部

Vietnam Dak Lak South

d. 伽罗

这块料子与107号料子并非同一块，但如果将107号料子用凿子进行加工，去掉表面没有树脂的部分，就会呈现出类似的完美紫油伽罗。

109

109

越南 昆嵩省 西部

Vietnam Kon Tum West

d. 沉香

这块料子属于树体被腐蚀后开始堆积树脂，但仅堆积了几毫米就结束了的例子。不仅是人工种植的沉香林，就连自然林中也有很多在这个阶段就停止树脂堆积的料子。

赤檀

用于闻香的香木范围极为广泛，除了沉水香以外还有很多香材。其中，有一类香木群被统称为赤檀（赤栴檀）。由于多次重复闻同一种香会使嗅觉麻木，因此最好更换使用风格不同的香木。这也被称为"鼻休"，意为让鼻子得到休息。

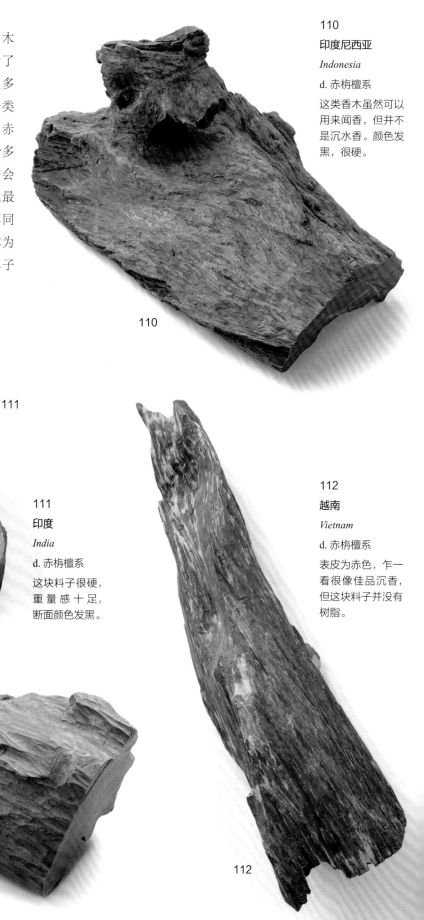

110
印度尼西亚
Indonesia
d. 赤栴檀系
这类香木虽然可以用来闻香，但并不是沉水香。颜色发黑，很硬。

110

111

111
印度
India
d. 赤栴檀系
这块料子很硬，重量感十足，断面颜色发黑。

111

112
越南
Vietnam
d. 赤栴檀系
表皮为赤色，乍一看很像佳品沉香，但这块料子并没有树脂。

112

闻香用的香料大多使用各种沉香。但无法获得沉香时，也会使用其他材料，如古杉及伊吹等硬木的芯材，或其他有香味的木头。这些木头被称为"和香木"。

上图中为"和香木"的一种，不是沉香，是屋久杉，是日本很稀有的一类古木。中间的包装纸上写着"姬路城内古木""高砂相生松之古木"，用来记述这块木头的渊源。

113

越南

Vietnam

d. 赤栴檀系

图中为同一块料子从上往下看（左图），及从侧面看（下图）的样子。这是一块只剩下树芯的赤栴檀系古木。

113

113

白

作为香材使用的白檀，分为印度系、澳大利亚系及东非系三类。55页展示的料子中，产地从斯里兰卡到印度尼西亚的属于印度系，从夏威夷到新几内亚的属于澳大利亚系，其余为东非系。从香气的品质来看，印度系白檀占压倒性优势，甚至有时一提到白檀，便默认是指这一系的料子。

印度尼西亚的帝汶岛被认为是印度白檀的原产地。但白檀树移植到印度后更适合当地的气候和土壤环境，比原产地出品的品质更加上乘，因此又被称为老山白檀。其中，在印度南部迈索尔附近的山间生长着品质上乘的白檀，该处为红土地，较为贫瘠，且岩石较多，白檀树在这些山的北坡上可以缓慢生长。这些白檀树曾经被称为"迈索尔老山白檀"。

之所以说是"曾经被称为"，是由于迈索尔过度采伐，现在已经找不到优质的白檀了。如今的白檀产地已经向西南转移。现在，白檀的种植、采伐及交易都由印度政府进行管理。白檀属于半寄生植物，想要成长为大树，需要很长时间，人工种植难度较大。在印度，超过五十克的白檀料是不允许出口的，木桩状的料子也不能携带出境。但是，和其他地方一样，印度盗伐横行，白檀的走私行为也屡禁不止。印度政府对此也在不断加大管控力度，加强对盗伐团伙的处罚。

白檀的香味来自芯材中含有的精油，与靠沉积树脂产生香气的沉香有着根本的区别。

如果直接使用芯材，要先将原木表皮及不含精油的白色部分去掉，截成一米左右的木桩，每三十根绑成井字形，放置一年让其自然干燥。经过这些工序之后，才能得到名为白檀的香木原料。白檀可用于制作各种熏香，除此之外，还可以做成工艺品，日本正仓院（位于日本奈良东大寺内，是用来保管寺内财物的仓库）就收藏了许多白檀工艺品。

如果想提取白檀油，则单独取白檀木的表皮进行水蒸气蒸馏。白檀油多用于香水及化妆品，适用范围较广，是一种价值较高的精油。白檀资源的保护与复兴是人们面临的巨大课题。本页记录的白檀均是印度政府限制出口前获得的。

檀

白檀（印度尼西亚）

印度尼西亚产的白檀。原木直径25厘米，与印度产的白檀相比，颜色较淡

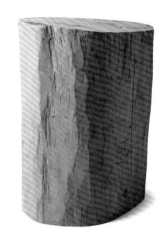

老山白檀（印度）

印度的老山白檀。原木直径29厘米，断面刻有印度政府的刻印

印度的老山白檀。树根部分直径27厘米，图中是倒置后的样子

东非系

东非各国

印度系

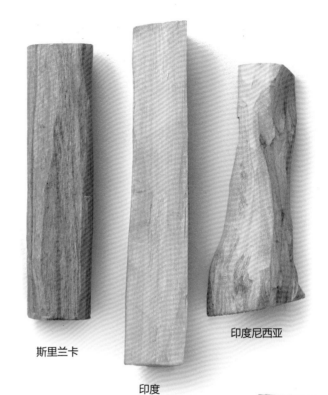

斯里兰卡

印度

印度尼西亚

澳大利亚系

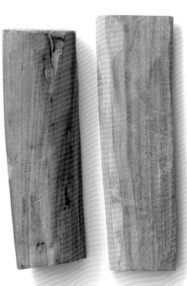

夏威夷

斐济

汤加

澳大利亚

新几内亚

　　现在虽然一提到白檀，大多默认指的是印度系白檀（*Santalum alnum*），但由于资源不断减少，其他系白檀的进口量也在增加。澳大利亚及南太平洋诸岛产的白檀统称为澳大利亚系白檀（包括*Eucarya spicata*等多个品种），澳大利亚系白檀与东非系白檀（*Osyris tenuifolia*）一样，香气较淡。品质最佳的印度系白檀，由于自然林资源不断减少，品质也在下降。

白檀原木

白檀原木的断面

白檀原木

被称为白檀的只有中心包含精油的芯材部分。

白檀加工品

白檀片

主要用于寺院的仪式及茶道。

白檀木屑

可以直接使用，也可以作为调和香的基底。

白檀粉

用于制作香薰及线香，也可作为香辛料使用。

重白檀（乱白檀）

之所以将原木横切成这样薄的薄片也不会碎，是因为其中含有丰富的精油。

白檀工艺品

白檀八角箱（日本正仓院所藏）

白檀自古以来就作为工艺品的原材料使用，比如制作佛像。这个直径 35 厘米左右的箱子是将白檀裁为板材后雕刻而成。

白檀扇子

日本京都制作的手雕扇子。白檀木即便是进行如此细致的加工也不会碎裂。

印度老山白檀

曾经有一段时间，虽然印度政府禁止出口五十克以上的白檀原木，但如果加工成工艺品则可以出口。图中就是当时的加工品，将原木加工成了灯台。

香木与其他香料混合出的香气

调和香：香气的合奏曲

闻香用的香木就像是单独演奏的独奏家。与之相比，烧香、薰物、匀香、涂香、印香、线香等调和香则是数种乃至数十种香料合奏出的交响曲，一般来说，沉香在其中起着关键作用。下面介绍几种常见的调和香。

烧香——调和香中历史最悠久的，作为供香点燃使用。制作烧香时常使用十种左右香原料，将其磨碎，以沉香或白檀为主，按照喜好加入其他辅料并混合。佛教传入日本时调和香常以成品的形式出现，配方至今尚未明确。那时候的烧香除了具有最基本的镇静效果外，还加入了一种特殊的香料，能使闻到的人们不禁对佛教产生敬畏。

薰物——平安时代（794—1192年）出现了一种被称为"薰物"（见80页）的练香。从那时开始，日本的调香技术开始崭露头角。薰物的制作方法在《源氏物语》中也有详细的记载，将香原料磨成粉，以沉香为主，将五至十种原料混合在一起。当时很多贵族都沉迷制香，因此流传下来很多配方。那么，他们为什么沉迷于制作薰物呢？当时的平安京几乎没有配备下水设备，人们只能将污水倒进简易的沟渠里，因此城市环境很脏。在这种居住环境中，贵族们就想方设法让自己居住的地方充满香气，制香也就成了贵族们必备的一项手艺，从而也就有了贵族之间互相攀比制香技术而产生的薰物。不过，想要做出品质好的薰物，就需要高品质的香原料。香原料是由遣唐使（唐朝时日本派往中国的使节，日本平均每20年派出1次遣唐使）带回日本的，派遣遣唐使的频率不高，而且品质高的香原料是优先上级贵族使用的。也就是说，如果一个人家里能有品质好且高贵的香气环绕，不仅仅彰显自己高超的制香技术，更是权力的一大象征。薰物除了用于调节空气，还可以用来熏染衣物，创造出与自身气味不同的独特香气，而且人们将秘传的调香法以文字的形式记载下来，这在世界范围内都可以说是高度成熟的文化了。

反魂香

反魂香是调和香的一种，又被称为返魂香，有"燃起反魂香，死者的魂魄就会回来"的说法。图中是古代流传下来的反魂香。将种子类的原料磨碎、搅拌后进行干燥，点燃后也许能制造出一种灵魂复苏的幻觉。此外，还有一种药丸叫反魂丹，能够治疗腹痛。传说是一种能够让重病之人起死回生的秘药。

匀香——在薰物流行的全盛时期，用来给衣服熏香的除了薰物，还有很多人会将匀香放在衣柜中。匀香的调香方法也流传了下来。与薰物一样，制作匀香时也是将原料磨碎后调制。由于匀香使用时不用加热，在选择原料时多使用那些常温下也能散发香气的香料。因此，薰物与匀香虽然外观上十分相似，但成分却有着天壤之别。

涂香——也是在常温条件下使用的香，涂在手部或身体上，用来达到清洁的目的。调制时使用香原料的粉末。

印香、线香——将香木及香原料磨成粉末，经搅拌、干燥后做成的盘状或线状的香。为了让其定形，原料中会加入黏结剂等成分，因此大多无法展现出纯粹的香木或香料的香气。优点是使用方便。

第 3 章
香木文化图鉴
名香、闻香、组香、加工道具、香原料等

名香及香道用品

有名字的香木被称为"铭香"，其中较为出名的又被称为"名香"。笔者手中有一本古籍，名为《名香部分集（全）》，书是江户末期的抄本，内容是享保十九年（公元1734年）正月所作。

据该书记载，有五十种名香是古时就有的，为足利将军家所有。将军家还有同一时期的名香一百二十种，此外佐佐木道誉所持的二百种名香也流入了将军家。

以这些名香为基础，进行细致地整理，最终形成了合计六十六种名香的基本框架。囊括了从三代将军足利义满时期至八代将军足利义政时期的名香，是该时期的名香目录。最后经过改定，变更为六十一种名香，被称为六十一种名香。严格来说，只有这些才属于名香的范畴。但也并不是说之前的一百二十种与二百种就一定不是名香。此外，勅名香❶也被认为是名香。

❶ 勅名香是由天皇取名的香木。

名香柜
收纳有多种名香及勅名香的柜子。

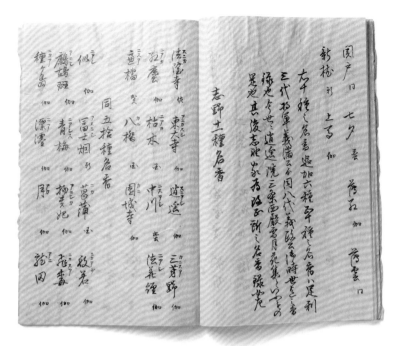

《名香部分集（全）》（江户末期抄本）中记载了六十一种名香中的一部分，包括法隆寺、东大寺等香木的名字

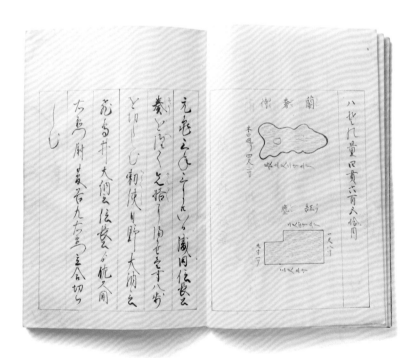

《名香名寄》中记载着"兰奢待"与"红尘"。此外，还有元龟三年（公元 1572 年）三月织田信长截木 ❶ 的记录。佐佐木道誉所持的二百种香木中曾有"兰奢待"这一名称，其后便再没出现。也有说法说六十一种名香中的"东大寺"其实就是兰奢待，但尚未被证实。现在我们说的兰奢待，指的是收藏在正仓院中的黄熟香。此外，佐佐木道誉手中有的兰奢待，是他自己亲手切割下来的吗？他在大原野焚烧的一斤名香，会不会就是兰奢待？这些都是具有争议的话题

---

❶ 截木是指从香木上切割一小块使用，因为香木很珍贵，往往由位高权重之人操作。渐渐地，截木就成为显示身份的行为。

古籍中的闻香

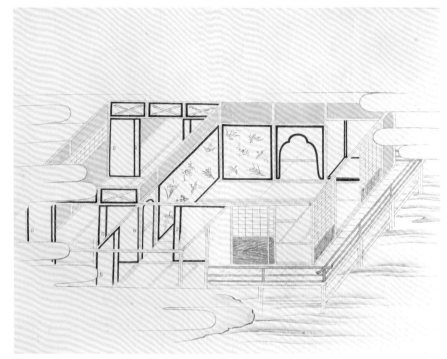

东山殿香室图

　　闻香一词从中国传入日本时，原本是指用鼻子闻香的气味的意思。在中国，"闻"含有"嗅"的意思；但在日本，"闻"只与听觉有关，将嗅觉用"闻"来表示的这种说法，在当时的日本人看来是很难理解的，因此衍生出其他解释。

　　佛教中有"闻法❶"一说，顺着这个词的意思来看，香一定是将想要表达的内容，通过香气传达出来。而在"闻香"时，也应如"闻法"一样，"放空自我，专注聆听"。闻香的说法为香木在日本的形象平添一分神秘的色彩。

　　那么，闻香究竟要在怎样的条件下进行呢？以平安时代的薰物为例，最需要注意的就是湿度。《源氏物语》中有"今晚天降微雨，空气湿润，正宜试香"的记述。薰物本身也"不应过于干燥，应适度予以湿气"，因此用来储存薰物的香壶也都埋在近水源的土地中。湿度越高，香气就越容易辨认，这一点从古至今从未变化。室町时代曾经将闻香室建于池水上方，随后演变成特定的建筑与室内装饰风格，沿用至今。

　　足利义政建造了东山殿（现慈照寺银阁）。选一处安逸的山坡，面向泉水建一间香室，在如霜的月光中闻香，这便是闻香的最高境界，但这需要大量的经费。那么我们普通人要怎样切实地享受闻香的过程呢？只要找一间静谧的房间，关上灯，增加空气的湿度，使用腹式呼吸，慢慢品味，让内心自在遨游便可。

---

❶闻法，佛教用语，凡从佛直接闻法、从高僧闻法、从经典闻法等，均通称为闻法。佛法通过经文、高僧讲法等方式传递真意，香则通过香气传达意味。

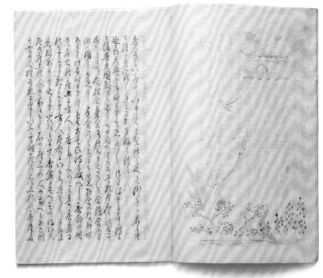

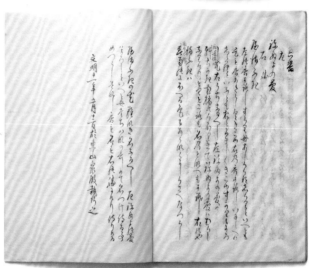

图中资料记载了文明十一年（公元 1479 年）五月十二日于东山殿执行的香合❶比赛。日子选在五月的一个雨天，右上图描绘了当时的观音堂（银阁）的样子。香合进行了六次，书中的文字详细地记录了香合的情况

左上图记录了小香盆与香畳❷的放置方法，还标注了"如果数量太多，可摞起来放"的注意事项

左下图记录了香盆与火取香炉（可参考 83 页）的放置方法。图中火取香炉装饰有桐叶莳绘❸、芦手书❹，银质炉盖为祥云花纹

右图为当日的闻香图，能看出香炉的使用方法、闻香的形式、人们落座的方式等

---

❶一种比赛，包括猜香名或比试各种香的优劣等内容。
❷用来包香道具的包装纸。
❸莳绘，漆工艺技法之一。将金、银屑加入漆液中，干后做推光处理。
❹芦手书，日本平安末期流行的一种绘文字，将文字与画融合在一起，亦指包含有该类绘文字的图画。

闻香道具

闻香首先需要香木，保存伽罗的容器被称为伽罗箱。下图中的擦漆桐木箱内是锡制内箱，木箱右侧的金属就是锡制内箱的盖子。箱中除了香木，还放有伽罗本账。账中记载的日期为明和九年（公元1772年）八月。本账与出纳账相似，详细记载了箱中伽罗的消耗情况。这种锡制容器在当时被认为是最适合用来保存香木的容器。此外，为了能让贵重的香木在闻香时保持最佳状态，人们慢慢制造出了闻香炉、火道具、灰、银叶、香割道具等闻香用具。

闻香炉

闻香用的香炉。用灰将点燃的炭埋好，将灰堆成山状，在最高处放上银叶，最后将香木放在银叶上闻香。

银叶

银叶最初为银质（左侧），现在多使用云母（右侧）。可以起到调节温度的作用，并且防止扬灰影响香气。

用来保存伽罗的伽罗箱

香木与本账一同收纳在双层箱体中。

---

❶一种别针，用于打包香包。

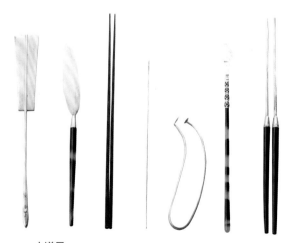

火道具

使用闻香炉闻香过程中需要的一系列道具。从左至右依次为灰押、羽帚、木香箸、莺❶、银叶挟、香匙、火箸。

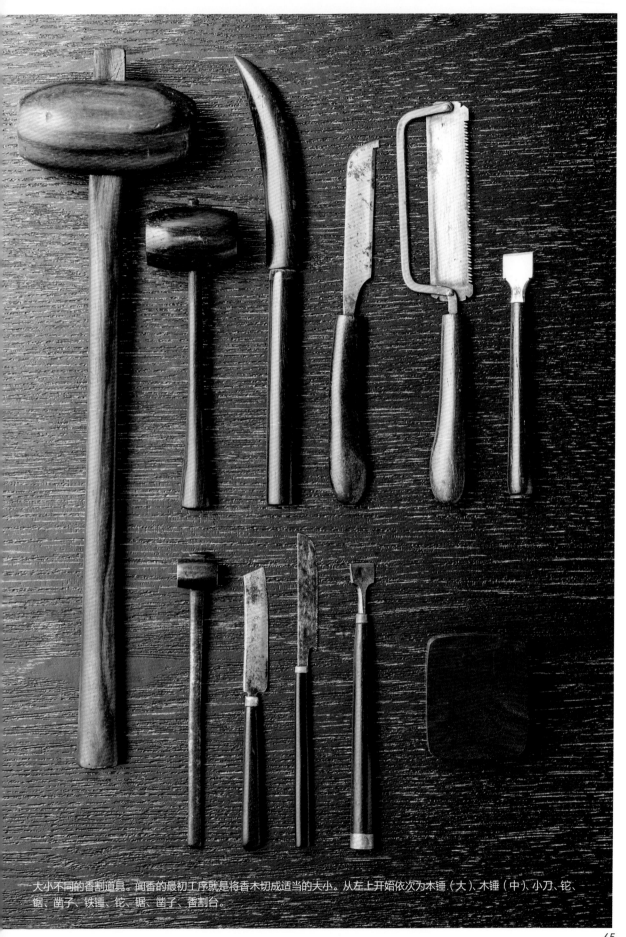

大小不同的香割道具。闻香的最初工序就是将香木切成适当的大小。从左上开始依次为木锤（大）、木锤（中）、小刀、铊、锯、凿子、铁锤、铊、锯、凿子、香割台。

香道具与组香

只是想要单纯体验闻香，只要有前面介绍的道具以及香木就足够了。如果在闻香的基础上想更进一步，还可以学习香道。从足利八代将军足利义政时代开始，人们就开始将香木分门别类，闻香的形式也以此为契机逐渐定型。尤其是"组香"这种闻香形式使得香道的广度和深度都有了质的飞跃。用嗅觉辨别香木香气的差异，这是人类的本能。在此基础上，香道又加入了以古典文学为主的多种日本传统文化。

组香的种类随着时代发展不断增多，香道具也随之增加。除了香道礼法使用的道具外，还有一种名为"内十组总包"的香道具，包含了从众多组香之中选出的最基本且重要的十种组香。这十种香分别用该种组香专属的大和绘包装纸包好，收纳在一起。

十种组香的包装纸。从上到下依次为
其中的八种组香和源氏香、竞马香。

在使用名为竞马香的组香时，需要一种名为三组盘的专用道具。在使用名为源氏香的组香时，需要搭配根据《源氏物语》各卷名称画成的图册。

香道具中大多是一些富有雅趣的灵巧之物，将这一系列道具收纳在一起的盒子被称为"十种香箱"。十种香箱分为两层，香道具在其中有规定好的收纳方法，与茶道的茶箱异曲同工，都能够反映日式的审美观。收纳香木的器具也有很多种，比如69页介绍的"后二叶"香木要先用一种用竹节外皮及和纸制作的竹纸包裹，再放入香木柜中。这种香木只在举行重要仪式时才会进行分香使用，每次将香木一分为二，再将其中的一半封好放回储存。

香道礼法需要的一系列道具
图中的道具使用千鸟莳绘进行装饰，志野棚 ❶ 的最上层摆放着一个乱箱 ❷，里面放置了志野折 ❸、银叶箱、炷空入 ❹、银叶盘、闻香炉、建 ❺、火道具；右侧的四方盆上放有添香炉 ❻；左侧放有火取香炉、火箸及地敷纸 ❼；最下层放置了记纸差 ❽、水滴 ❾ 及重砚。

---

❶志野棚，专门用于放置香道具的置物架，左下方有抽屉。得名于香道名流志野流。
❷乱箱，平安时代中期开始使用的一种收纳用具，类似木制托盘。
❸志野折，志野流独有的香包，在其中放入小包的香木。
❹炷空入，用来放置烧过的香木的容器。
❺建，即香筯建，筒状，用来收纳香道礼法中使用的各种火道具。
❻添香炉，与本香炉相对，在参与香道活动的人数较多时，会相应增加额外的香炉，即添香炉。
❼地敷纸，摆放香道具时使用的垫纸。
❽记纸差，在香席上分发记纸时使用，类似信封。记纸为闻香时用来写下答案的用纸。
❾水滴，为客用的砚台加水的工具。

十种香箱

双层木箱，用来收纳一整套香道具。

三组盘

香道中需要使用三组盘的组香有矢数香、名
所香、竞马香。三组盘用于收纳使用这三种
组香配套的盘立物 ❶ 。有时也会将使用源平
香时配套的立物一并收纳，合称四种盘。

_____

❶ 每种组香都有规定的盘立物，使用时放
置在画有格子的盘子上，用其进退表示比赛
的成绩。

源氏香图册

描绘香道中的一种组香源氏香的使用方法的图
册。每卷的香图都附有与《源氏物语》相关的
简单图片。

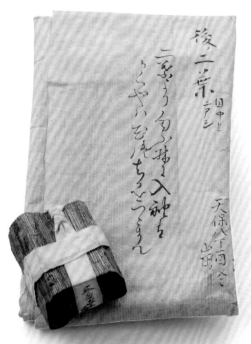

香木与竹纸

闻香及香道中使用的香木大多使用包装纸包裹后进行保管。有时在包装纸上还记有香名及其来历。图中香木为"后二叶",保存时将香木与记载了与该香木有关的和歌的竹纸一同保存。

香木柜

用来收纳香道具及包着香木的纸包的柜子。

沉箱

用来收纳沉水香的盒子。大盒子中包括六个小盒子。原本是用来收纳六种薰物的。现在多用来放置六国五味。图中沉箱的装饰使用的是以《源氏物语》为原型的莳绘。

香木加工工具

下面介绍将香木加工成各种形状需要使用的工具。从整块原木到木块、木片及粉末，分别需要不同的工具。为了不破坏香木的香气，让香木保持原有的特性，时至今日人们也在用过去传承下来的手工工序加工香木。

铊、木锤

将香木加工成木片时使用的工具。

药刻盘

将香木切碎的工具。使用药刀将香木切碎。

香锯

一种特殊的锯，用来加工树脂含量比较高的香木，比一般的锯锯齿更细。

先包丁

用铊将香木切成四边形的木片后，再使用先包丁调整木片的四个角，使其为直角。

两手

由重石和曲刀两部分组成。用药刻盘切好香木后，需要用这个工具将香木碾成木屑。将重石架在曲刀上使用。

不使用机器，用纯手工的方式加工、调制香木。

1. 用香锯将香木切割成木块。（木块加工）

2. 用铊及木锤将木块切至 2～3 毫米厚的木片。（木片加工）

3. 用药刻盘将香木切成木屑。（木屑加工）

4. 用两手进一步将香木碾成粉末。（粉末加工）

由不同工具加工出不同形状的香木

从左到右分别是木块、木片、木屑、粉末。木块是将原木加工为闻香材料的第一步，接下来需要进一步使用加工工具进行加工。木片用在空熏及烧香中，木屑用于烧香及包香，粉末多作为抹香、线香及涂香的材料。

上皿杆秤

通过调整秤砣和刻度，让其与计量
物相平衡，从而称出准确的重量。

每一块香木的形态及质感各不相同，需要认真判断每一块料子最合适的用途，然后使用相应的加工工具进行加工。

摆件加工——沉香及伽罗形状展现了大自然的造型之美，而且在常温下还会散发香气。因此沉香及伽罗作为一种能够清新空气的装饰品，有着很高的价值。加工时主要使用锯、凿子、锤子等工具进行调整。

工艺品加工——可以将香木制作成香盒、香炉、念珠等工艺品，加工时用锯将香木截成相应的大小。

闻香用加工——闻香时使用的香木大小需要根据参加闻香活动的人数进行调整。香木的最终加工大多由席主或流派传承人按照具体的需要使用切香工具完成。

宗教用加工——宗教中使用的香木大多被加工为木块、木片、木屑及粉末状。其中最常见的是加工成木屑，药刻盘及切刀是最重要的工具，可将香木切成需要的大小。药研能够将木屑加工成粉末。

除此之外还有许多其他用具，其中值得一提的是计量及测量工具。香道需要的计量单位主要有重量单位和长度单位，需要大大小小不同的计量工具。现在很多人使用电子计量器，但本书要介绍一下古代使用的计量工具。下面列举平安时期的重量及长度单位作为参考。

一斤=十六两=六十四分=三百八十四朱

一两=四分=二十四朱=十匁=三七点五克（大一两=小三两）

一丈=十尺=一百寸=一千分

小尺=二四点七厘米

大尺=二九点六厘米

时代不同计量单位的大小也会发生变化，上述例子仅作为参考。

药研

用于将草药或香原料碾成粉末的工具。上方的木制药研主要用来研磨质地较软的草药，下方铁质药研则用于研磨较硬的材料。

杆秤

利用杠杆原理制成的秤，绳子作为支点，将秤杆吊起，秤杆的
一端悬挂需要称重的物品，另一端挂秤砣。称重时，左右移动
秤砣，当左右两边能够保持平衡时，秤砣所处位置显示的刻度
即为物品重量。这种秤又被称为千木秤。杆秤有不同大小，使
用时根据称重的香木大小进行选择。5贯（18.75千克）以上的
香木，使用图中所示的大型杆秤。

药种与香原料

药种指的是药用原料，即原料药（raw medicine），均是天然素材。药种分为和物与唐物，前者为日本国内生产，后者为进口。唐物药种中包括高级药种沉香、麝香、牛黄、龙涎香等。药种中包括多种芳香性材料。几乎所有的香原料都属于药种，也可以作为药品使用。沉香或伽罗的香气可以使人身心沉静，食用能够起到促进心肺功能的效果；麝香有强心功效；大茴香中含有达菲，可治流感；丁子有很强的杀菌作用。因此，只要能够充分利用香和香原料，就能够使我们的身心焕发活力。

动物类药种与香原料

龙涎香

抹香鲸消化器官中的分泌物。具有强心、镇痛的作用，但主要还是作为香原料使用。近年来，在禁止捕鲸的大背景下，市面上龙涎香的流通量越来越少。

麝香

麝香是从雄性麝鹿香囊中取出的分泌物。具有强心的作用，作为保香用的香料适用范围很广。麝香成为"华盛顿条约"的保护对象后，麝香资源骤减。

牛黄

提取自牛的胆囊，苦味很强。澳大利亚产的牛黄品质最佳。具有强心、镇痛、解热等功效，作为药品可代替麝香。

贝甲香

各种卷贝的壳。主要作为保香剂用在薰物及线香中。作为香原料的贝甲香，有着一丝沉香系的香味。

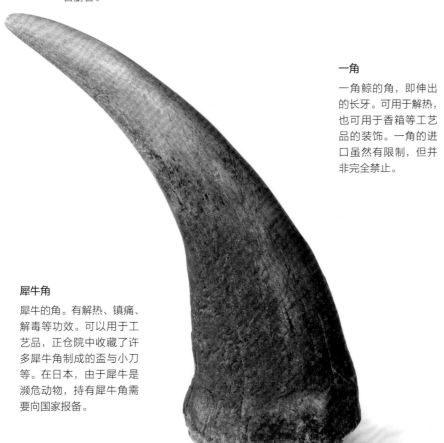

一角

一角鲸的角，即伸出的长牙。可用于解热，也可用于香箱等工艺品的装饰。一角的进口虽然有限制，但并非完全禁止。

犀牛角

犀牛的角。有解热、镇痛、解毒等功效。可以用于工艺品，正仓院中收藏了许多犀牛角制成的盃与小刀等。在日本，由于犀牛是濒危动物，持有犀牛角需要向国家报备。

安息香

生长在泰国、印度尼西亚的安息香树的树脂。香味甘甜，多用于熏香及化妆品香料。药如其名，安息香对呼吸系统的疾病有一定效果。

熏陆

印度、伊朗等地的熏陆类植物的树脂埋入地下后，产生的半化石状的树脂即为熏陆。自古以来都是重要香原料之一。

乳香

生长在阿拉伯地区、埃塞俄比亚等地的橄榄科乳香树的树脂。是古代东方及古埃及的代表性香料之一。现在也作为基督教教会的焚香料使用。

石膏

中国产的石头（软石膏）。《神农本草经》中对石膏有所记载，主要用于解热，也可用于镇静、止渴。

没药

阿拉伯地区的橄榄科没药属植物的树脂。除作为焚香料使用外，也曾作为防腐剂用于埃及木乃伊的制作。具有镇静、镇痛等药效。

龙脑

印度尼西亚原产的龙脑香科龙脑香树上的树脂结晶，呈白色鳞片状。具有清凉的香气，是很重要的一种香原料。有防虫、防腐效果，也可用于镇静。

厚朴

日本、韩国、中国等地生长的木兰科厚朴的树皮，经干燥后使用。有健胃、消食、整肠、收敛、祛痰、利尿的功效。

黄柏

日本、韩国、中国主产的芸香科植物的树皮，经干燥后使用。多用于苦味健胃药及整肠药。是五味中苦味的基准。

儿茶

产自马来半岛、印度尼西亚的茜草科植物的叶及嫩枝的水煎液干燥浓缩物。可作为收敛药及口腔清凉药的原料。

桂皮（锡兰肉桂）

生长在斯里兰卡的樟科常绿乔木锡兰肉桂的树皮。作为药材可用于健胃药、感冒药、防腐剂等，适用范围很广。

桂皮

中国及越南等地生长的樟科常绿乔木的树皮。作为香原料来说，桂皮的使用率要比锡兰肉桂高。

桂枝

与桂皮产自同一种植物。桂皮是树干的树皮，桂枝则为嫩枝部分。切碎后可用于烧香等。

藿香

原产南亚的唇形科多年生草本植物的叶，经干燥后使用。作为香料大多是提取精油使用，也可将其切碎后用于调和香。除具有防虫效果外，还可解热、镇痛。

零陵香

报春花科的草本植物。与藿香一样干燥后使用。零陵是其在中国的产地名。除了作为香料，还可以作为食用香辛料加入咖喱粉中使用。

丁子

摩鹿加群岛原产的桃金娘科常绿乔木的花蕾。由于花蕾的形状如钉子，故取名丁子。可食用，也可作为香料使用，还可作为健胃药、感冒药、防腐剂的原料。

艾叶

中国、日本等地产的艾草的叶，经干燥后使用。可用于止血药、镇痛药，也是制作艾绒的原料。

紫苏叶

中国、日本产的唇形科紫苏的叶，经干燥后使用。有解热、镇痛、促进消化、促进发汗的作用。

薄荷

原产于亚洲东部的唇形科草本植物，经干燥后使用。日本北海道种植了大量薄荷，用于提取薄荷精油。薄荷有着清爽的香气，是可以用于多种药物的芳香性调味剂。

菖蒲根

产自亚洲北部天南星科植物的根。使用时多切碎或碾成粉末。其精油也是重要的香料。日本端午节喝的菖蒲汤使用的就是这种植物的叶子。

橘皮

中国、日本产的芸香科果实的皮，经干燥后使用。具有清爽的香气，可作为香料使用。此外，还具有健胃、祛痰、止咳的作用。

陈皮

中国、日本产的芸香科植物果实的皮，经干燥后使用。其使用方法及药效与橘皮大致相同。陈皮可用于烧香及匀香。

香根草

原产印度的禾本科多年生草本植物，其根有很强的香气，能提取精油用于香水的制造。

木香

中国、印度产的菊科植物的根。有防虫的作用，可作为香料放在香囊中。作为药材，有镇痛、整肠的功效。

甘松

中国、日本等地产的败酱科草本植物的根及茎。根多作为香料使用，茎则用于镇静药、健胃药。

黄连

毛茛科黄连属植物的根茎，经干燥后使用。自古以来都作为消炎、止血、泻火之药，用途很广。

排草香

中国产的报春花科草本植物的茎与根。尤其是根部香气浓郁，香气有着清凉舒爽之感，可碾成粉末后用于制作线香等。

吉草根

忍冬科植物阔叶缬草的根，经干燥后使用。日本主要在北海道地区种植，有独特的气味，有镇静功效。也常作为家庭用药的原料。

大茴香（八角）

中国南部、中南半岛北部等地生长的五味子科常绿树的果实。可作为香料，使用在线香、烧香、牙膏、口腔清凉剂中。也可作为食用香料、防腐剂、健胃药使用。

诃梨勒

原产印度、缅甸等地的使君子科乔木的果实。具有良好的收敛、止泻、止血的功效，自古以来都是麻疹、疱疮的特效药。人们还将诃梨勒的果实放进袋子中挂在床上，认为可以驱除病魔。

大黄

蓼科草本植物的根茎，经干燥后使用。大多产自中国。早在中国的战国时期，《山海经》中就已经有了大黄的记载，自古以来都用于腹痛药、消炎性健胃药。

香荚兰

原产于墨西哥的兰科攀缘植物的果荚、种子，经干燥后使用。被广泛使用在巧克力等食品中，作为香料用于调制甘甜的香气。

芥子

中国产自十字花科白芥，日本产自十字花科芥菜的种子，经干燥后使用。作为药材可外敷，治疗神经痛、肺炎等。也可作为佛教护摩时的香料。

桃仁

中国、日本的蔷薇科植物桃子成熟后的种子，干燥后使用。是活血化瘀的常用药。

山奈

中国南部产的姜科多年生草本植物的根茎，切片干燥后使用。有芳香及驱虫的效果，可用于制作衣物防虫香袋。也可作为芳香性健胃药使用。

郁金

原产南亚，姜科姜黄属的多年生草本植物的根茎。常作为染料及咖喱的原材料。是香料的五香之一。也可作为健胃药使用。

辛夷

日本、韩国、中国产的木兰科植物的花蕾，经干燥后使用。有镇静、镇痛的作用，常用于治疗头痛、鼻炎等。

白术

中国、日本产的白术的根茎，经干燥后使用。是促进水分代谢的重要药材。

莪术

中国产的姜科植物的根茎，经干燥后使用。是健胃药、镇痛药等家庭用药的常用原料。

接骨木

干燥后的接骨木的茎。多用于镇痛、消炎、止血及利尿药。

五味子

中国、日本、朝鲜半岛等地产的木兰科植物的成熟果实，经干燥后使用。有止咳、收敛、滋养、强身的功效。

吴茱萸

中国产的芸香科吴茱萸的未成熟果实，经干燥后使用。用于健胃药、镇痛药、杀虫剂、入浴剂等。

苍术

中国产的菊科苍术的根茎，经干燥后使用。是促进水分代谢的重要药材。

菊花

中国杭州等地生产的食用菊花的花，经干燥后使用。除了作为香料以外，可用于解毒、消炎、镇静及降压。

甘茶

日本产的虎耳草科绣球花的叶，经揉搓干燥后使用。甜味剂的一种，可作为家庭用药及口腔清凉剂的原料。

桔梗根

中国、日本、朝鲜半岛等地产的桔梗科桔梗的根。作为祛痰、止渴的药材，用于治疗支气管炎。也作为排脓药，用于治疗扁桃体炎及咽喉肿痛。

樱皮

日本产的蔷薇科山樱花树等植物的树皮，经干燥后使用。可作为解毒、止咳的药材，也可用来制作烧香和匂香。

洋甘菊

原产欧洲的菊科耐寒性一年生植物的花，经干燥后使用。其香味与苹果相似，可作为香料使用。同时，也可用于治疗妇科疾病。

桂花

原产中国的木犀科木犀属常绿小乔木的花，经干燥后使用。可作为香料使用，也可用于治疗失眠、低血压等，还有健胃的功效。

薰物与香具

练香被认为是由鉴真和尚从中国带到日本的。原本是根据具体病症，使用数种原料混合调制成的药丸。而药材本就可作为香料使用，因此做出的药丸自然也带有清香。渐渐地，人们开始热衷于调制药丸的香气，发展出被称为练香的调和香。

平安时代的贵族们沉迷于制作练香，赋予它极高的文化内涵，并将其改称为"薰物"。《源氏物语》"梅枝"卷中描写了薰物的制作方法以及人们比较各自薰物优劣的比赛活动即"薰物合"的情景。

《源氏物语》"梅枝"卷中描绘薰物合场景的插画。摆放在光源氏面前的两个香壶中放有薰物。白琉璃壶中插着梅枝，绀琉璃壶中插着五针松枝

练香

指薰物。将十种左右的香原料粉末
揉搓成丸。

阿古陀香炉

因其形状与阿古陀瓜相似而得名。
香炉配有炉盖。

耳盥

带有一对形状像耳朵一样的把手的盥。

伏笼 ❶

将香炉放在笼中，在笼外悬挂衣物
等，能让衣物沾染上香气。

火取香炉（左侧）、鞠香炉（右侧）

用来燃香的工具。

火取香炉由火取母、熏炉和火取笼三部分组成。

伏笼的使用实例。在笼中放入装有水的耳盥，香炉放在耳盥上

---

❶伏笼：中国称熏笼，汉时即有相关记载。

吊香炉（香毬）

雕有镂空花纹的球形香炉。垂吊在室内使用。

吊香炉（香毬）的内部

即便吊香炉（香毬）倾斜，内部的火炉也能保持水平。

鞠香炉

内部为旋转结构，即使香炉倾斜，内部的火炉仍能保持水平。

丁子风炉

由金属或陶制成的风炉，形状与香炉类似。用于加热丁子使其散发香气。

时香盘 ❶

用来计算时间的工具。在盒内垫上一层灰，在灰上将抹香堆成特殊的形状后点火。又被称作常香盘。

时香盘的内部构造

在灰上将抹香堆成精致的形状。

---

❶时香盘，中国称印香炉或印香盘。

专栏 《东山殿薰物合之记》中记载的香

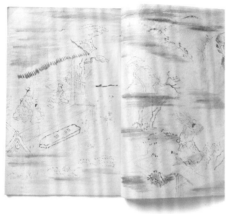

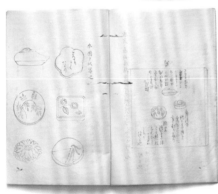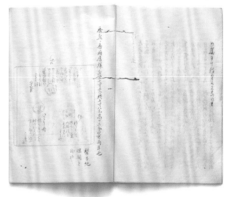

上排图片描绘的是东山殿的景色。下排图片记录当天比赛中出现的薰物名称及使用的香箱的形状。梅形香箱中的薰物名为夏衣，角形（方形）香箱中的薰物名为仙人，丸形（圆形）为渔舟，水鸟形为松风，菊形为菊露，榊木❶丸形（圆形）为榊叶。此外，还记载了香盆和香箱的放置方法、香盆的大小及形状

　　有些人认为，薰物发展的顶峰是在平安时代，到了镰仓、室町时代逐渐被以香木为主的闻香替代。的确，在进入武家社会后，闻香文化渐渐成为主流形式，但薰物仍然作为一种调和香占有重要的位置，为香文化的进步做出了巨大的贡献。

　　上图中资料为《东山殿薰物合之记》，记录了文明十年（公元1478年）十一月十六日，在前将军足利义政的山庄中的东山殿举行的薰物合，并将其记为"六种薰物合"。记录中的内容与平安时代举行的薰物合的习惯并没有太大差异，且详细记载了当日参加比赛的薰物名称与调和比例。"左为'夏衣'，沉四两、丁子二两、甲香一两二分、熏陆一分、白檀一两、麝香二分。右为'松风'，沉四两、丁子二两、郁金二分二朱、甘松一分一朱、朴根二分"，"左胜"。

---

❶榊木，杨桐木。

香文化简史

公元前的香文化

说起日本的香文化，很多人会想到香木，以香木为中心的各式调和香，以及在此基础上进一步反映日式审美的薰物和香道。因此很多人可能认为日本的香文化是从零发展起来的独立文化，然而事实上早在大约五千年前，就已经有了香文化的萌芽。从根源角度考虑，人类拥有嗅觉这一感觉，就已经为香文化埋下了种子。拥有嗅觉的人，排斥令人不快的气味，并想要将令自己舒心的气味或是对自己有用的气味保留下来，这是一种本能，香文化是随这种本能发展起来的文化。归根结底是人们对香原料和香气的认知，对香原料获取方法、保存方法、使用方法等的掌握……慢慢孕育出一种新的文化。一旦人们学会掌控香原料，便有了创造香味的能力。一般认为最初的香文化出现在美索不达米亚文明。随后，在约公元前的三千多年中，以埃及文明、印度文明、黄河文明为中心的各地互相交流彼此的香文化，促进了香文化的多样化进程。随后又经过希腊时代和罗马时代的洗礼，香文化得到进一步发展。

日本的香文化

香文化的素材香原料是在公元后六世纪，随着佛教一同传入日本的。当时，香原料是佛教供香的原材料。公元754年1月，鉴真和尚东渡日本，为日本带来了大量的香原料和香文化知识。至此，日本的香文化踏出了第一步。若从全世界的角度来看，日本香文化的起步其实非常晚。

不过，起步晚也就意味着起步时的基础高，加之日本人细致入微的特性，善于从不同的角度切入事物的本质，现在日本的香文化在熏香领域已经可以说是领跑者，与欧美的香水文化并驾齐驱。为何香文化在日本能够发扬光大呢？主要原因可能是日本一直将香木作为最主要的香材。香木的香气沉静深远，超出了语言能够表达的范围。香木散发香气的条件有二，一是树脂，二是树纤维，二者结合并经历漫长的时间，才能形成香气。花卉大多只需一年就能散发香气，香木则不同，每一块香木都蕴含着漫长岁月积淀的芳香。日本香文化将香木的这种优点最大化，分别从物理及美学的角度持续钻研，最终将自己的香文化提高至新的水平。

此外，香木只要不经加热便不会变质，香气也不会消失，一直被认为是奇物，具着很高的价值。与茶道中的茶器一样，香木成为一种彰显权势的物品。这与在东大寺被敕封的兰奢待有着很大关联。掌权者有时会打开正仓院的藏间，打开敕封，将兰奢待割下一小块用以昭示权力，并将取出的兰奢待分给下属，达到紧密主从关系的目的。下属在获得御赐的兰奢待后，会将其妥善保存，有的随身佩戴，有的长年揣在怀中，有的则绑在发髻上。

沉香山白檀二十五菩萨

在沉香制成的山（摆件）上放置二十五尊由白檀制成的菩萨。放置沉香有释放香气、驱除邪气的说法。白檀在佛教发源地印度被当作神木，也有同样的说法。二者相加，价值更高。这两种材料作为供香（烧香）的原材料随着佛教一同传入日本，对佛教在日本的发展起到重要作用。

香木与和歌的不解之缘

平安时代赠送薰物时大多会咏一首和歌，为香气赋予附加价值。80页图片描绘的是在明石姬君的裳着礼❶之前，光源氏要求女君们调制薰物，举行薰物合的场景。朝颜之君送到源氏处的薰物还附有一封信，信中写有这样一首和歌：残枝落英纷飞尽，葱郁香息令成空。移落佳人春衫袖，芬芳忽随暖风浓。这首和歌是将壶中薰物与明石姬君关联起来而咏的问候，对其回信也自然使用和歌。

从万叶集开始，到八代集、十三代集，这些和歌奠定了日本文化的基础。从那时起，和歌便用来表现薰物的香气，和歌中的用词也逐渐作为形容词使用。这一现象在当时的文化构成中是自然而然的，而且香气本就难以用语言直接描述，使用和歌这种间接形式进行表达也是合理之举。

和歌除了用于表现香气外，与香木本身也存在直接关联。进入镰仓、室町时代后，人们开始流行为重要的香木取铭。这些香铭也大多都是从和歌中取词，本歌也作为证歌一并记录下来。很多香铭都取自敕撰和歌集，以提高香木的附加价值。

本来给香木取铭的理想形式应该是由香木主人自己想一个与香木般配的词语，并基于该词做一首和歌。但实际上这样做的例子很少，主要都是使用已有的和歌。

战后的香木交易

1945年第二次世界大战结束后，日本进入经济复兴期，但香木及香原料进口交易的混乱状态仍旧没有结束。香木原产地的复兴进度较慢，当时想要进口香木，主要是从香木集散地中国香港进货。1957年第一次广州交易会在中国召开，自那之后，香木交易终于逐渐活跃，除了从香港及新加坡进口之外，从越南、印度尼西亚等原产国进口的数量也渐渐多了起来。白檀的出口港是印度的金奈。当时香木交易使用的名称主要有伽罗、伽楠香、暹罗沉、大年沉、泥沉香、老山白檀，偶尔再加上产地名。伽楠香的等级从特级到五级，其他木种也是按照等级进行交易，但均为当地的分级标准，进口到日本后，人们会根据日本市场再次进行分级。

在越南，人们将沉香称为"cham"，因此cham沉香指的就是越南沉香。大年沉的词源没有确切的出处，过去在中南半岛有一个名为北大年苏丹国的古国，该国有很多带有"太泥"发音的地名。中南半岛还是加里曼丹沉香与苏门答腊沉香的中间集散地，因此这些沉香被称为"马六甲沉香（马来沉香）"。事实上，大年沉曾被用于指代过去的马六甲沉香，这个词源来自沉香属的malaccensis。大年沉这个称呼现在来看比较有争议，因此目前大多使用爪哇沉香一词统称印度尼西亚沉香。泥沉香指的是从土中挖出的沉香，过去经常可以从加里曼丹岛马来西亚属地区北端的山打根进货，因此又被称为山打根沉香。另外越南也出口大量的泥沉香。但是现如今几乎没有新的泥沉香进货。

老山白檀指的是印度南部产的白檀，好品质的料子同样也在不断减少。老山古渡白檀代指品质最佳的白檀。"老山"一词意思是好山，"古渡"一词形容古时渡来的良品。

---

❶裳着礼，平安时代贵族女子的成人礼。

伽罗扇子

伽罗中绿油伽罗黏度较高，不适合精细加工。图中扇子使用的是树脂密度较低、黏度较低的紫油伽罗。所有扇叶都是按照顺序依次从同一块料子上截取下来的。

沉水香文箱

正仓院中收藏了众多形状各异的沉香箱，图中文箱是以正仓院藏物为模板仿造的。制作时将多种沉香板贴在一起。鸢叶部分镶嵌的是小片伽罗，包括绿油伽罗及铁油伽罗在内的数十种材料。这一设计是基于《伊势物语》中的业平之歌制作的。

香木种植林

为了应对香木资源的不断减少，人们逐渐开始重视香木的种植，但至今收效甚微。沉水香的种植要从幼苗开始，十年左右便可达到直径十厘米左右。越南的沉香树直径最长能达到七十厘米，加里曼丹地区则生长着直径超过一百五十厘米的大树。越南的沉香种植林以三米间隔种植，一千棵树再加上道路，就要占地约一万平方米（一公顷）。目前种植林正在以公顷为单位不断推进，接下来就要使沉香树堆积树脂。想让沉香树分泌树脂大致有两种方法，一是任其自然生长，等到偶然的机会树便会开始堆积树脂。一般认为在自然环境中能够堆积树脂的树大约占总数的1%～2%，而种植林中的比例要比野生林更低一些。另外一种方法是在树干上用电钻开孔并注入杂菌。但是这种方式有悖自然生长规律，可以说是一种破坏环境的行为，因此并不能称为良策。而且经过打孔后的沉香树堆积的树脂量极少。因此，人们还是更倾向于不施加外力，默默等待沉香树在自然状态下堆积树脂。

此外印度的白檀行业受到政府的严格管控。与沉香不同，白檀树很难成活，且白檀为半寄生植物，不依附在其他植物上就没法健康成长。人们从很久以前就开始从种子培育白檀，尝试在温室中种植。但由于没有种植半寄生植物的经验，种植出来的白檀树干如针一般细。白檀不仅种植难度高，而且生长周期长，因此种植白檀的计划一直不能如愿进行。

伽罗的残香

如上所述，香木资源正在减少消失，如今自然中已经很难找到好品质的料子了。现在想想，笔者在二十世纪七十年代进入香木这一行，那时候应该是香木流通的鼎盛时期。此后，香木流通量的减少速度令人震惊。在越南、印度尼西亚的香木产地，也几乎没有熟知香木的人了。在越南最出名的香木产地，也就是中部高原地带（太原省），那里曾经有一种职业叫作"采香人"。采香人大多是少数民族加莱族人，数人分成一组进入山中，大约五天左右出山，带回采到的伽罗或者沉香。我们则在不远处等着，等采香人一出山，便上前进行交易。那时候，采香人能从这份工作中获得足够的收入来养家糊口。如今，香木资源接近消失，这些曾经靠采收香木为生的人们也不得不改行成了"采石人"，转而去采集宝石了。越南以外的其他沉香产地，情况也都大致相同。再这样继续下去，各个产区熟知沉香的专家也会越来越少。

但愿本书能够为广大读者了解香木产地及香木流通情况而略尽绵薄之力。此外，本书虽然以《香木图鉴》为名，但并非专业生物学方面的介绍，而是主要介绍香木闻香相关的特性。另外，文中部分观点涉及笔者个人推测，也有一些地方可能由于时间久远而并不准确，还请谅解。

如果各位读者能够通过本书对香木产生兴趣，也可以进一步深入学习某个香道流派，在静谧的空气中，在伽罗的香气中，让周身也逐渐萦绕起文化的气息。

大块的沉水香

伽罗及沉香产自沉香树，沉香树本身可成长为高大的乔木，但它最多能沉积多少树脂呢？只有沉香树内部沉积了树脂的部分才是沉水香，但树脂并不是毫无限制地分泌堆积，如果一棵树不停分泌树脂，反而会枯死。也就是说，树脂沉积的部分并不能为树木本身提供活力。每一处树脂只要达到一定程度，就会停止分泌。因此，想要结成大块的树脂，大多是在同一部位反复出现病变或损伤，抑或是多处沉积汇集到一起。不管怎样，树脂沉积越多，沉香树的生命力就越弱。树脂对人类来说可能是一味良药，但对于沉香树来说，却是缩短自身寿命的毒药。

闻香

指燃香后欣赏、享受其香气的活动，是在无心之境中用嗅觉等感受某种发出香气的东西。闻香的"闻"字有两种解释，一为嗅，一为听。

香味

可指代五味中的不同气味，也可用来表现香气的风味。

香木

广义的香木指从树木上采收到的香材，包括干、枝、根、叶、果、蕾、树脂等。其中，树脂类的材料最多，有沉水香（伽罗、沉香）、乳香、没药、熏陆、安息香、龙脑等多种。狭义的香木指伽罗、沉香、白檀。

和香木

过去的日本由于锁国政策等原因，很难获得进口的香原料，人们便想出了替代方案，使用国产的香气较重的木材，或具有某种典故说法的木材作为闻香材料。这些材料被称为和香木。

香原料

以香木为首的，用于制香的所有原料。既包含香木等植物性芳香药材，也包含麝香、龙涎香等动物性材料。

结香

即结成香气，沉香树分泌的树脂沉积在树内的纤维上，结合为散发香气的成分。

名香

取过铭的香木被称为铭香，铭香中尤其出名的香木则被称为名香。

病变部

由于某种原因引起病变，使得树内产生损坏的部分。

五味

将香木的香味概括为五种味道：甘、苦、辛、酸、咸。《五味之传》中记载，甘为炼蜜之甘，苦为黄柏之苦，辛为丁子之辛，酸为柑之酸，咸为汗之咸。

木所

六国中的各个国家。意为"生产香木的地方"。

六国

将香木的香气按照产地进行分类后得到的六种类型，分别是伽罗、罗国、真南蛮、真那贺、寸门陀罗、佐曾罗，又称为木所。最初是按照产地进行分类的，后来又将分类标准改成了香气的性质（种类）。

罗国

六国之一。《六国列香传》中记载，罗国之香如武士一般。

佐曾罗

六国之一。《六国列香传》中将佐曾罗描写为"香味如僧"。

寸门陀罗

六国之一。词源来自苏门答腊岛，但寸门陀罗沉香的香气更接近加里曼丹岛产的沉香。

真那贺

六国之一，词源为马六甲。真那贺沉香的香气介于越南沉香与印度尼西亚沉香之间。

真南蛮

六国之一，词源尚不明确，为印度马拉巴尔的可能性较大。

沉水香

指沉香树树内沉积了树脂的部分。若树脂的密度高，则可以沉入水底，沉水香因此得名。但是，并不是所有的沉水香都会沉底。辨别沉水香时，香味的品质要比树脂的密度更加重要。

伽罗

香木名称，沉水香的一种。属于品质最佳的沉水香。同时也是香木六国分类之一。其价值自古就被认为与黄金相当，江户时代曾将容貌靓丽的男女称为伽罗男、伽罗女。现在市面上已经很难见到上品伽罗料子了，为稀品。

奇南

指伽罗。也写作奇楠、棋楠、茄楠等。

花伽罗

外观看起来像是花朵堆叠在一起的伽罗。

沉香

香木名称之一，沉水香的一种。取自沉香树，沉香树产地以越南及印度尼西亚为中心，普遍分布在东南亚周边地区。与伽罗一样，品质好的沉香资源已经枯竭。人们正在尝试人工种植沉香树，但现状是即便原木长大成树，树内也不怎么堆积树脂。不过，从原木中蒸馏出的沉香油可以满足中东各国的市场需求。

沉香属（Aquilaria）

沉香树植物学分类基源之一。

沉香树

指可以采收到沉水香的树木的总称，主要包括沉香属及拟沉香属植物。沉香树属于乔木，但不能用于建材及工艺品加工上。沉香树内若沉积树脂，其价值则会倍增。

沉香油

沉香油指的并不是树脂沉积后作为香材使用的沉香，而是从其原木沉香树中提取出的香油。沉香油具有与沉香不同的特殊香气，在中东各国主要用于涂抹身体。

山打根沉香

山打根为沉香产地之一。山打根沉香指加里曼丹岛东北部、马来西亚属的山打根地区出产的沉香。实际的产地为山间地带沙巴地区，但已经很久没有新沉香产出了。属于泥沉香的一种。

红土沉香

红土是一种较为贫瘠且发红的土壤，多见于越南及印度尼西亚等地。红土沉香则是在红土地上的香木树结香后成为倒木，埋入土中经过一段时间后被采收的沉香。

泥沉香

泥沉香大致分为越南泥沉香及山打根泥沉香。泥沉香有长期与短期之分，但所有泥沉香都是在结香后被埋入泥土中经过一段时间才被采收的沉香。

白檀

白檀树的芯材。产地广泛，原产于印度尼西亚，此外还包括印度、澳大利亚、南太平洋诸国、东非各国等。精油含量高，蒸馏后可提取白檀精油。不论是作为香材还是制作精油，白檀的需求量都很大。

白檀油

从白檀中提取的精油。作为香氛精油具有极为广泛的市场需求。

重白檀

切成薄圆片的白檀木。近年来的白檀料子油分少，切成圆片会碎，碎掉之后的料子被称为乱白檀。

栴檀

白檀科落叶乔木。偶尔也会用栴檀代指白檀。

赤栴檀

是被称为白檀的硬木中的一种，轻微泛有红色。也可用于闻香，但香气与沉香不同。

老山白檀

对印度南部出产的高品质白檀的尊称。

组香

以古典文学等内容为题材，将两种以上的香木组合在一起使用，享受更丰富的香气。

调和香

由数种至数十种香原料以合适的比例调和成的香。使用调和香就可以体验到多种香味，包括薰物（练香）、匂香、烧香、线香、涂香等。

烧香

将若干种香原料切碎后进行调配，一般是点燃在佛像前作为供奉。

练香

薰物早期的称呼。

薰物

将若干种香原料磨成粉状后，用蜜等材料将其揉搓在一起。又称练香。

薰物合

比拼薰物的香气的一种比赛形式。

涂香

粉末状的调和香，涂在手上及身体上，起到驱除邪魔、清洁自身的效果。

印香

摆成板状或花形等形状的练香。

线香

将调和香制成线状后干燥制成的香。形状各异，包括直线、螺旋、棒状等。

空熏

指在房间里或衣服上熏染香气。

时香盘

计算时间的工具。在木箱中铺上灰，抹香在灰上堆成特定的形状，点燃抹香用以记录时间。

黄熟香

别名兰奢待。收藏在正仓院中仓的香木，是沉水香的一种，与全浅香并称为"两种御香"。

兰奢待

收藏在正仓院中仓的黄熟香的别名。由于这种香木受到了敕封，只有具有一定权威的人才能打开敕封并截下一部分，因此可以彰显权力。据说足利义政、织田信长、明治天皇都曾进行截木，实际上应该还有更多的历史人物曾经进行过截木。

全浅香

别名红尘。正仓院北仓中收藏的香木，为沉水香的一种。与黄熟香并称"两种御香"。

源氏香

组香的一种，灵感来源于《源氏物语》。将《源氏物语》各卷的名称画成香图册作为答案使用。

竞马香

组香的一种，灵感来源于"上贺茂神社"的社祭活动——竞马（骑马比赛）。在木盘上使用竞马形象的道具。

香割道具

用于将香木切割成闻香用大小的工具，包括锯等。

香室

专门用于闻香的屋子。

火道具

用来取放香灰、银叶、香木等物的工具，共七种，具体包括火箸、灰押、羽帚、银叶挟、木香箸、香匙、莹。

香壶

收纳薰物的壶。一般认为将壶埋在水源附近的土中保存为佳。

银叶

使用银或云母制成的小板。可用于调节温度，防止香气沾染香灰后染上杂味。

香柜

收纳包有香木的香包等物的柜子。

香包

包裹香木时使用的包装纸。

匂袋

放置匂香的一种香袋。匂香是一种调和香，多使用在常温下也能散发香味的原料，因此不需要加热。匂袋可以放在衣柜中，也可以随身携带。

闻香炉

用于闻香的香炉。"不返烟、一重口、三脚"为闻香炉的基本要素。

吊香炉（香毬）

吊在室内使用的香炉。为了让吊香炉（香毬）能够摆动而不翻覆，香炉内部设计成"龛灯返❶"的结构。

伏笼（熏笼）

放置熏香的笼状工具。伏笼中放置香炉，笼上可悬挂衣物等，使衣物沾染上香气。后来还出现了矢来❷形及箱形的伏笼。

十种香箱

用于收纳各种闻香时使用的道具的箱子。分为两层，可以容纳多种不同工具。

伽罗箱

用于保存伽罗的木箱。型号从小到大有很多种。一般为桐木外箱内置锡制内箱。

沉箱

用来收纳香木的箱子，内箱中可以收纳六个小盒子。原本用来放置六种薰物，后来变成放置六国沉香。

鞠香炉

蹴鞠状的球形香炉，是缩小版的吊香炉（香毬），比鞠香炉还要小的是袖香炉。这三种香炉内部都是"龛灯返"结构，可以使其一直保持水平。

三组盘

在使用矢数香、名所香、竞马香三种组香时需要使用木盘，将收纳这三种组香使用的木盘的箱子叫三组盘。有时加上源平香，称之为四种盘。

御家流

以三条西实隆为鼻祖的香道流派。

志野流

以志野宗信为鼻祖的香道流派。

---

❶龛灯返，歌舞伎用语，指不使用水平旋转的舞台，而是使用同一背景板，将前一背景推倒，自下推换舞台布景的装置。

❷矢来，使用竹子或木桩制作的篱笆、栅栏等。